…e la traversée des Alpes
…r un chemin de fer. 1861. . .

DE LA

TRAVERSÉE DES ALPES

PAR UN CHEMIN DE FER

PAR M. EUGÈNE FLACHAT

ANALYSE

PAR MM. H. MATHIEU ET E. DELIGNY

(Extrait des Mémoires de la Société des Ingénieurs civils)

NEUILLY
TYPOGRAPHIE DE GUIRAUDET
PLACE DE LA MAIRIE, 2

1861

De la traversée des Alpes par un chemin de fer

PAR

M. EUGÈNE FLACHAT

ANALYSE

PAR

MM. H. MATHIEU ET E. DELIGNY

EXPOSÉ

M. Eugène Flachat a développé dans une seconde publication, déposée par lui à la Société, le système qu'il avait proposé à la discussion publique pour la traversée des Alpes par un chemin de fer.

Depuis la première publication de M. Flachat, une année s'est écoulée, mais la question posée par lui est restée tout actuelle. La traversée des Alpes par des tunnels est toujours en présence du problème, non résolu, de la durée d'exécution, et cette durée, si elle doit rester subordonnée aux moyens ordinaires, est désastreuse.

Les machines perforatrices du Mont-Cenis n'ont pas encore régulièrement fonctionné; le doute est toujours permis sur leur résultat. Cependant les chemins de fer se multiplient au pied

1

des Alpes ; chaque jour les intérêts demandent une solution plus prompte, chaque jour aussi l'obstacle est plus sainement apprécié, et la part de l'exagération devient moindre.

Le premier mémoire de M. Flachat causa un étonnement presque général. Beaucoup prirent leur imagination pour juge de cette proposition de faire passer locomotives et trains à travers les neiges éternelles, et ils se figurèrent les convois emportés par la tourmente et les avalanches.

D'autres, que leur spécialité appelait à discuter plus particulièrement les questions de matériel, s'émurent vivement de l'idée d'une circulation sur les pentes rapides.

Depuis un an, l'idée s'est fait son chemin. Les obstacles climatériques examinés avec plus de calme, discutés dans leur puissance et dans leurs effets, ont paru moins formidables. La viabilité admise, quelques ingénieurs arrivent à vouloir exploiter avec le matériel ordinaire peu modifié : ils dépassent déjà le promoteur lui-même du système, dans sa confiance. La nouvelle publication de M. Flachat est le développement de la première ; en appliquant son projet à un passage déterminé des Alpes, le Simplon, il est conduit à étudier la question dans tous les détails techniques et industriels.

C'est de cette étude que nous venons rendre compte à la Société, en l'abrégeant autant que le permettra l'abondance de faits essentiels qu'elle contient.

Dans un exposé succinct, M. Flachat recherche celui des passages des Alpes suisses ouvrant accès en Italie, qui peut réunir le concours le plus efficace de l'Italie et de la France. Il ne trouve pas dans l'intérêt exclusivement suisse une force suffisante pour aborder l'entreprise. Il faudra l'intervention des deux nations que sépare la Suisse ; on pourra l'espérer, si ce pays revient à des relations plus intimes avec nous.

Dans ces conditions, le passage du Simplon entre Brigg et Iselle appelle immédiatement la préférence. Il est sur la ligne la plus courte de Paris à Milan; il a en outre l'avantage d'être le passage dont l'accès, est le plus approché aujourd'hui par les lignes de fer déjà établies. Si l'on profite de la navigation du lac Majeur, il ne reste à exécuter que 115 kilomètres pour aborder le Col sur l'ensemble des deux versants. Il reste à faire 179 kilomètres, si l'on veut une ligne non interrompue. Dans l'une ou l'autre hypothèse, l'accès au Simplon présente en chiffre rond une économie de 10.000,000 de francs, sur le passage le plus favorisé après lui, qui est le Col du Bernardin. L'économie est de 20 à 30 millions sur l'accès au Saint-Gothard.

Après cet exposé, M. Flachat étudie successivement les questions suivantes, qui embrassent tout son système en général et son application particulière au Simplon.

§ 1. Dans quelles conditions un chemin de fer traversant les Alpes doit-il être exploité pour répondre aux exigences du trafic?

§ 2. Quelle sera l'influence des rampes sur les dépenses d'établissement et d'exploitation d'un chemin de fer traversant les Alpes?

§ 3. Quelle sera l'influence du rayon des courbes sur la dépense d'établissement et d'exploitation d'un chemin de fer traversant les Alpes?

§ 4. Quelle est la force de traction à demander aux machines dans la traversée des Alpes?

§ 5. Comment obtenir d'une machine locomotive la puissance mécanique nécessaire pour remorquer, sur une rampe de 50 à 60 m/m, des trains de 120 à 150 tonnes, composés de véhicules susceptibles de circuler dans des courbes de 25 mètres de rayon?

§ 6. Quels obstacles le climat des cols des Alpes apportera-t-il à l'exploitation d'un chemin de fer tracé en rampes de 50 à 60 millimètres?

§ 7. Dans quelles limites convient-il d'employer l'adhérence pour gravir les rampes de 50 à 60 millimètres dans la traversée des Alpes?

§ 8. Étude du passage des Alpes par le Simplon.

§ 9. Quelles sont les relations actuelles du commerce entre l'Italie et les contrées dont les chemins de fer aboutissent au pied des Alpes?

§ 10. Dépenses d'exploitation d'un chemin de fer traversant les Alpes Tarif et trafic nécessaires pour couvrir les frais d'exploitation et l'intérêt du capital.

§ 11. Description du matériel roulant.

§ 12. Résumé.

Le mouvement actuel des voyageurs et des marchandises à travers les Alpes est extrêmement entravé par les obstacles que la nature lui oppose. Il ne peut donc pas servir de base d'appréciation du trafic que pourrait espérer un chemin de fer.

D'un autre côté, l'importance des intérêts qui seraient desservis par une exploitation qui ne laisserait rien à envier aux lignes les plus favorisées sous le rapport de la sécurité et de la régularité de la circulation, est tellement évidente, tellement appréciée, que l'opinion publique réclame énergiquement, pour les passages des Alpes, des facultés de transport égales à celles des autres chemins de fer.

Déjà les chemins suisses qui donnent accès aux Alpes ont accepté et réalisé ces conditions.

On a compris que la barrière dont les Alpes enserrent le nord de l'Italie, sur 700 à 800 kilomètres, de Nice à Inspruck, devait être franchie, non plus par des moyens précaires, mais de manière à satisfaire aux grands intérêts de la France, de l'Allemagne et de l'Italie.

Sous l'empire de cette conviction, on a décidé que les cols devaient être percés par des tunnels de 12 à 17 kilomètres; on a voulu immédiatement la solution la plus complète du problème. Mais cette solution est, elle-même, un problème redoutable. Ces tunnels ne peuvent être attaqués que par les extrémités, et la dureté des roches est souvent excessive.

Avec les moyens ordinaires d'exécution, la durée des travaux de percement peut varier de 25 à 50 ans ; elle peut même dépasser ce dernier chiffre.

On essaie, il est vrai, des machines à perforer; mais réussiront-elles, et dans quelles limites? De combien augmenteront-elles l'avancement journalier? Admettant leur efficacité dans des roches homogènes et compactes, comment pourront-elles fonctionner dans des terrains éboulants? Dans des terrains fissurés ?

La solution par les grands tunnels laisse donc dans l'inconnu le temps, la dépense, le produit. Elle n'est pas industriellement abordable.

Cependant les passages doivent être franchis. C'est donc à l'exploitation de vaincre la difficulté. Il faut modifier la locomotive de manière à lui donner un peu plus de force. Sous ce rapport, le passé est une garantie de succès pour l'avenir. Partout où l'on a demandé à la mécanique l'affranchissement des difficultés naturelles, on a réussi et l'on a créé des entreprises productives. En France, il est à regretter que ce moyen si simple ait été trop négligé, et que le pays et l'industrie se soient épuisés dans un luxe exagéré de constructions.

Examinons donc si, par la seule modification du matériel moteur, on pourra effectuer des transports à travers les Alpes avec une économie telle, que les produits lourds ou encombrants qui circulent sur les chemins de fer ordinaires puissent s'échanger, avec un abaissement notable de prix de vente, entre le nord et le sud.

Les données statistiques sur le mouvement actuel seraient insuffisantes. Il faudra voir si, par le rapprochement des points de production et de consommation, dans des conditions économiques, il pourra se créer un trafic aujourd'hui impossible.

Ainsi, la houille anglaise qui se consomme à Milan coûte de

55 à 65 francs par tonne. La houille de Saint-Etienne s'y vendrait à 50 francs, si la traversée du Simplon pouvait se faire à 12 centimes par kilomètre. Blanzy enverrait à un prix encore inférieur.

Le transport de l'hectolitre de blé, de Gray à Milan, coûterait 4 fr. 57. Celui de l'hectolitre devin de Macon, 4 fr. 78. Et ainsi de cent autres produits dont les échanges sont nuls maintenant, et deviendraient actifs.

Les chemins de fer traversant les Alpes auront donc à répondre aux exigences d'un trafic de même nature, sinon de même importance, que nos grandes lignes ; ils devront donc, par leurs conditions d'établissement, n'apporter aucun retard dans le service et l'exploitation des chemins qui y aboutiront.

« La puissance des locomotives devra présenter, sur les Alpes même, les mêmes ressources de locomotion que sur les lignes ordinaires.

« La dépense d'établissement devra être sensiblement la même que celle de lignes aboutissant au pied des cols des passages.

« La dépense d'exploitation devra être couverte, quant aux différences qu'elle présentera comparativement aux lignes ordinaires, par un tarif plus élevé, afin que le capital d'établissement trouve, dans cette exploitation, le même revenu que dans les lignes aboutissant aux Alpes. »

§ 2. *Quelle sera l'influence des rampes sur les dépenses d'établissement et d'exploitation d'un chemin de fer traversant les Alpes ?*

Les chemins de fer suivent dans leur ensemble le profil général des terrains. Les ondulations secondaires sont plus ou moins rachetées par les travaux. Lorsqu'un chemin réunit deux contrées séparées par un point de partage, le tracé est astreint à une certaine relation entre l'étendue et l'inclinaison. A partir d'une limite fixée par l'inclinaison naturelle des thalwegs, toute diminution d'inclinaison allonge la route. Plus on se rapproche, au contraire, de l'inclinaison des thalwegs, plus on raccourcit le tracé.

Pour une vitesse déterminée, l'effort de traction se compose très-sensiblement d'une constante qui comprend la résistance au roulement et la résistance de l'air, et d'une variable proportionnelle à l'inclinaison. Mais on sait que la dépense de traction est très-loin de suivre la même progression. Les frais de personnel des trains restent proportionnels à la longueur ; le prix des machines augmente peu ; la consommation de combustible plus forte à la remonte diminue ou devient nulle à la descente.

Comme exemple, M. Flachat cite les chemins de Saint-Germain et de Versailles R. D. ; l'un est de niveau, l'autre est en rampes de 5 m/m. La dépense de traction est la même, pour des trains également composés.

Aussi, depuis l'origine des chemins de fer, le progrès a toujours consisté dans la simplification de la construction, par l'augmentation de puissance des machines. On admet aujourd'hui, comme chose courante et pratique, des rampes quadruples de celles qui, il y a vingt ans, étaient considérées comme excessives.

Lorsqu'on doit traverser, perpendiculairement à sa direction, une chaîne de montagnes, les difficultés atteignent leur maximum.

Lorsque la limite d'inclinaison que l'on s'est posée est dépassée par la pente du thalweg qui donne accès au col que l'on a choisi, on doit racheter la différence des pentes en se développant, soit par des retours sur les contreforts de la vallée, lorsque leur inclinaison est faible ; soit en remontant, sur leurs deux coteaux opposés, les vallées secondaires qui débouchent dans la principale. Quand le terrain ne se prête à aucune de ces deux combinaisons, il ne reste qu'à pénétrer en courbes ascendantes dans l'intérieur de la montagne. Ce dernier cas est très-rare.

Il résulte, de ce qui précède, que plus la pente admise sera forte, plus on raccourcira le trajet pour arriver au sommet, plus on aura de chance de trouver, soit dans la vallée principale descendant du col, soit dans ses affluents, les facilités de développement qui permettent d'éviter, pour un chemin de fer, des retours souterrains.

L'expérience des routes déjà établies prouve que l'on peut aborder les cols des Alpes avec des rampes de 5 à 6 centimètres par mètre. C'est le cas particulièrement du passage du Simplon. Sur le versant nord, la vallée de la Saltine, qui descend presqu'en ligne droite du col, a une inclinaison qui atteint, près du sommet, $0^{m}204$ par mètre. La route a pu se développer sans difficulté en profitant d'une vallée accessoire, celle du Ganther. Sur le versant sud, la vallée du torrent du Simplon s'élargit assez pour permettre au besoin des retours à ciel ouvert, et plus bas, dans les gorges de la Doveria, la pente du thalweg est réduite à une limite suffisante.

La facilité qu'a présentée la construction de la route avec des pentes de 50 à 60 m/m est frappante, mais les énormes difficultés qu'eût apportées une réduction d'inclinaison, à 35 m/m par exemple, ne sont pas moins évidentes.

Suivant M. Flachat, l'adoption de pentes de 50 à 60 m/m pour un chemin de fer n'est pas arbitraire. L'adhérence, comme point d'appui de l'effort de traction, est plus que suffisante; mais il faut démontrer par l'étude la certitude de produire la puissance mécanique suffisante pour que les rampes soient franchies avec des charges rémunératrices.

Pour faire apprécier la relation des rampes de 50 à 60 m/m avec les thalwegs des différents cols des Alpes suisses, M. Flachat donne les profils de ceux-ci d'après M. Koller. Ces profils sont mesurés à partir des points où l'inclinaison des vallées dépasse 35 m/m.

M. Flachat résume dans le tableau suivant les données des six cols en ce qui concerne la hauteur à gravir sur chaque versant, la longueur du thalweg et celle d'un tracé à 50 m/m par mètre d'inclinaison. Nous donnons aussi d'après lui les profils de ces cols.

	Hauteur à franchir		Hauteur totale à franchir sur les deux versants	Longueur du thalweg naturel	Longueur d'un tracé par rampes de 50 m/m
	Versant du nord	Versant du midi			
	mètres	mètres	mètres	mètres	mètres
Splugen	1,165	1,665	2,830	32,000	56,600
Bernardin. . .	11,90	1,510	2,700	40,000	54,000
1. Lukmanier.	1,350	1,570	2,920	24,500	58,400
2. Lukmanier.	804	1,024	1,828	28,500	36,560
St-Gothard. . .	1,280	980	2,260	24,000	45,200
Simplon	1,355	1,120	2,475	25,500	49,500

On voit que tous ces passages présentent des conditions presque identiques ; la visite des lieux laisse la même impression. La solution, bonne pour l'un d'eux, sera applicable à tous. Nous ajouterons qu'elle sera également bonne pour les passages qui existent entre la France et le Piémont, depuis le petit Saint-Bernard jusqu'au col de la Tende.

La construction ne trouvera pas de difficultés autres que celles qu'ont présentées les lignes ordinaires. On sera arrivé à la pratique des rampes de 50 à 60 m/m, en rapport avec les conditions du terrain, aussi naturellement, aussi logiquement, qu'on est passé successivement de rampes de 5 m/m à des rampes de 30 à 36 m/m, comme au chemin de Gênes à Turin. M. Flachat rappelle les critiques, les objections, les oppositions que souleva la rampe de 8 m/m à Étampes. Elle devait, disait-on, ruiner le chemin d'Orléans. De 5 m/m à 8 m/m la progression est la même que de 36 à 60. Déjà les Américains ont employé 40 à 50 m/m dans les Alleghanys.

Il fallait s'assurer de la possibilité de ralentir et d'arrêter des trains. M. Flachat a fait faire des expériences directes sur des plans inclinés à 200 et à 120 m/m. Le résultat consigné dans une note spéciale donne toute garantie. Nous ajouterons un fait, qui est personnel à l'un de nous, et qui trouve ici son application. En 1852, ayant à faire un service d'inauguration sur le chemin de fer houiller de Langreo dans les Asturies, il eut à descendre une centaine de wagons de houille, pesant, chargés, 4,600 k., sur un plan incliné à 125 m/m par mètre et de 800 mètres de longueur, dont les câbles n'étaient pas montés. Les wagons n'avaient que des freins à levier direct assez court. Il fit installer des treuils de 50 en 50 mètres pour descendre les wagons, en les retenant au besoin avec des câbles. En commençant l'opération, il reconnut bien vite l'inutilité des treuils. En serrant à fond les freins, avec un double levier, on arrêtait le wagon que plusieurs hommes ne pouvaient faire avancer sur les rails secs. En mouillant les rails, quatre hommes faisaient avancer un wagon. Sur rails secs, deux wagons, dont un seulement enrayé, pouvaient être mis en mouvement par cinq à six hommes. On fit descendre ainsi tous les wagons, sans le moindre accident, par des ouvriers complétement inexpérimentés.

Les roues étaient en fonte trempée.

Nous ne doutons pas que sur rails secs, et sur une inclinaison semblable, un bon garde-frein ne soit complétement maître de la marche d'un wagon. Sur une pente de 50 à 60 m/m, moitié de la précédente, la sécurité sera complète. Tous les appareils, véhicules et moteurs, seront munis de freins ; avec un tiers seulement fonctionnant, il y aurait excès de force d'arrêt.

En résumé, l'adoption des rampes de 50 à 60 m/m permettra la construction des chemins de fer des Alpes, dans les conditions de dépense des chemins de fer en pays de montagne, avec rampes ordinaires. La dépense de traction ne sera que partiellement augmentée ; la sécurité sera parfaitement assurée par les freins. Ces conditions d'exploitation seront d'ailleurs développées plus loin.

§ III. *Quelle sera l'influence du rayon des courbes sur les dépenses d'établissement et d'exploitation d'un chemin de fer traversant les Alpes ?*

Les inclinaisons de 50 à 60 m/m permettront, comme nous l'avons vu, de franchir sans tunnels, les cols des Alpes ; mais dans des terrains aussi accidentés, où l'on aura à se développer sur le flanc des montagnes, les travaux à faire pourraient devenir gigantesques, si l'on n'admettait pas une très-grande flexibilité dans le tracé. Cela n'a pas besoin de démonstration. Il faut cependant pas s'exagérer la difficulté ; M. Flachat a pensé avec raison que le matériel américain suffirait, avec une modification qui ne le compliquera pas ; il donne un essieu à chaque roue, afin que chacune tourne indépendamment des autres. M. Flachat a d'abord pensé qu'il serait nécessaire d'admettre des courbes de 25 mètres de rayon. Après un examen détaillé des lieux, l'un de nous est tombé d'accord avec lui sur la possibilité de limiter à 100 mètres le rayon minimum des courbes. Il n'a vu aucun point où il y ait véritablement intérêt à descendre au-dessous. Or, avec des courbes de 100 mètres, il n'est pas même nécessaire de modifier le matériel américain.

L'influence des courbes sera donc de produire une grande économie relative dans la construction. En ce qui concerne l'exploitation, elle serait d'imposer une vitesse réduite à 20 kilomètres à l'heure, si cette vitesse modérée n'était pas déjà absolument ordonnée, soit à la remonte, soit à la descente, par l'inclinaison même du chemin.

§ IV. *Quel est l'effort de traction à demander aux machines dans la traversée des Alpes?*

Les conditions d'établissement du matériel sont toutes particulières, elles empruntent ce qu'elles ont d'inaccoutumé, au tracé du chemin lui-même.

Les idées que nous allons résumer pourront étonner le vulgaire; mais, à coup sûr, elles ne surprendront pas l'ingénieur, parce que, dans tout ce qui a été conçu, tout est essentiellement pratique et peut être à juste titre considéré comme l'extension des idées et des faits sous l'empire desquels nous marchons.

Parlons d'abord des locomotives.

Quel sera l'effort de traction unitaire à développer? — Telle est la première question que pose M. Flachat. Il fixe cet effort à 8 kil. par tonne sur niveau, pour un train marchant à la vitesse de 16 kilomètres, et il ajoute à ce chiffre 1 kil. par tonne et par millimètre de rampes à gravir, ainsi que l'indiquent la théorie et la pratique.

M. Flachat décompose comme suit le chiffre de 8 kil. :

1° Part due à la traction.	4,21
2° L'autre part due au mécanisme, aux courbes, aux résistances de l'air, ou du vent, au froid, à la rigidité des attelages.	3,79
Total. . .	8,00

Certainement ce chiffre n'a rien d'exagéré, dans un pays où le vent doit avoir une action très-grande sur la marche des trains, surtout quand ils lui présenteront le flanc.

On pourra se faire une idée de cette influence, en se rappelant que sur le chemin du Midi, entre Narbonne et Perpignan, deux trains ont été renversés presque au même moment, à 20 kilomètres de distance, par la violence du cers ou mistral, vent soufflant des terres, comme on le sait.

Ainsi donc, le vent d'abord, le froid ensuite, sont des éléments avec lesquels il faut compter.

§ V. *Comment obtenir d'une locomotive la puissance nécessaire pour remorquer, sur une rampe de 50 à 60 m/m, des trains de 120 à 150 tonnes composés de véhicules susceptibles de circuler dans des courbes de 25 mètres de rayon?*

M. E. Flachat trouve les éléments de la solution qu'il propose, dans l'examen comparatif des divers types de locomotives qui ont été construites depuis l'origine des chemins de fer.

Il classe ces types en 3 catégories :

1° Les machines qui servent exclusivement au transport des voyageurs;

2° Celles qui font les transports mixtes des marchandises et des voyageurs;

3° Celles qui sont exclusivement employées au transport des marchandises.

Ce tableau est trop intéressant pour ne pas le reproduire ici en entier.

NATURE des MACHINES	INDICATION du chemin sur lequel la machine circule	NOM du constructeur	DATE DE LA CONSTRUCTION	NUMERO DE LA MACHINE	SURFACE DE CHAUFFE	VOLUME DE QUATRE CYLINDRÉES	CIRCONFÉRENCE DES ROUES	VOLUME DES CYLINDRÉES PAR KILOMÈTRE	VOLUME DES CYLINDRÉES par m. carré de surface de chauffe et par kilom.
					m2.	m3.	m.	m3.	m3.
Voyageurs	Ouest-Versailles	Scharp	1840	1	55,880	0,1573	5,215	30,177	0,540
Id.	Ouest-Havre	Buddicom	1845	2	64,668	0,2118	5,262	40,262	0,622
Id.	Est	Cail	1847	3	74,594	0,2540	5,278	48,132	0,658
Id.	Lyon	Cail	1847	4	82,150	0,2721	5,655	48,132	0,598
Id.	Lyon	Cail	1856	5	90,290	0,3045	5,686	53,041	0,587
Id.	Orléans	Polonceau	1854	6	78,928	0,3015	6,368	47,360	0,600
Id.	Midi	Gouin	1856	7	95,830	0,3103	6,592	47,012	0,490
Crampton	Nord	Cail	1847	8	100,550	0,2764	6,597	41,907	0,416
Mixtes	Midi	Gouin	1855	9	95,869	0,3103	5,456	56,774	0,592
Id.	Ouest	Cave	1848	10	85,800	0,2500	5,026	49,948	0,582
Id.	Lyon	Gouin	1849	11	85,460	0,2813	5,026	56,185	0,657
Marchandises	Orléans	Stephenson	1845	12	68,798	0,2769	4,555	60,795	0,883
Id.	Lyon	Cail	1850	13	99,943	0,3325	4,712	70,565	0,706
Id.	Ouest	Gouin	1857	13 b	129,404	0,4254	4,712	90,200	0,697
Id.	Orléans	Polonceau	1855	14	122,200	0,3602	4,326	83,267	0,681
Id.	Bourbonnais	Oullins	1858	15	132,914	0,4135	3,958	104,473	0,786
Service des gares	Orléans	Polonceau	1855	16	67,049	0,2816	3,384	67,825	1,011
Engerth	Midi	Hesler	1855	17	151,880	0,4622	4,084	113,429	0,747
Id.	Nord	Creusot	1856	18	196,396	0,5183	3,955	131,165	0,668
Engerth-Mixte	Nord	Nord	1856	19	125,500	0,3108	5,463	59,508	0,474
Machine pour fortes rampes	Nord	Gouin	1858	20	123,680	0,3474	3,345	103,845	0,803
Machine projetée	Alpes				870,000	1,5842	3,140	504,000	1,362

MOYENNES

	m2.	m3.	m.	m3.	m3.
Du n° 1 à 7 voyageurs.	77,478	0,2584	5,723	50,592	0,585
Du n° 9 à 11, mixtes.	89,043	0,2805	5,172	54,302	0,610
Du n° 12 à 15, marchandises.	110,652	0,3617	4,433	81,860	0,751
N° 18, Engerth	196,396	0,5183	3,952	131,165	0,668
Machine projetée pour les Alpes.	370,000	1,5842	3,140	504,000	1,362

SURFACE de GRILLE		CAPACITÉ de la chambre de combustion		DURÉE OU ÉTENDUE DU CONTACT DES GAZ EN DEHORS DE LA CHAMBRE DE COMBUSTION	VOLUME D'EAU DANS LA CHAUDIÈRE		VOLUME DE VAPEUR DANS LA CHAUDIÈRE		SECTION DES TUBES	
TOTALE	PAR MÈTRE CARRÉ DE SURFACE DE CHAUFFE	TOTALE	PAR MÈTRE CARRÉ DE SURFACE DE CHAUFFE		AVEC $0^m,10$ D'EAU AU-DESSUS DU FOYER	PAR MÈTRE CARRÉ DE SURFACE DE CHAUFFE	AVEC $0^m,10$ D'EAU AU-DESSUS DU FOYER	PAR MÈTRE CARRÉ DE SURFACE DE CHAUFFE	PAR MÈTRE CUBE DE CAPACITÉ DE LA CHAMBRE DE COMBUSTION	PAR MÈTRE CARRÉ DE SURFACE DE GRILLE
m2.	m2.	m3.	m3.	m.	m3.	m3.	m3.	m3.	m2.	m2.
1,046	0,0187	1,2217	0,02186	2,550	1,615	0,029	1,195	0,021	0,1584	0,185
1,084	0,0167	1,2867	0,01989	2,867	1,671	0,025	1,150	0,018	0,1789	0,212
0,845	0,0113	1,1393	0,01727	3,772	1,942	0,026	0,890	0,012	0,1744	0,235
0,945	0,0115	1,2757	0,01552	3,488	2,300	0,029	0,928	0,011	0,1890	0,255
1,205	0,0133	1,7318	0,01917	3,550	2,710	0,030	1,315	0,015	0,1465	0,210
1,100	0,0139	1,4190	0,01797	3,367	2,012	0,025	1,043	0,013	0,1454	0,187
1,349	0,0140	2,0477	0,02136	3,442	2,780	0,029	1,164	0,012	0,1398	0,202
1,425	0,0141	1,8814	0,01871	3,615	3,600	0,035	0,850	0,008	0,1564	0,200
1,349	0,0140	2,0404	0,02128	3,462	2,780	0,029	1,164	0,011	0,1402	0,212
0,920	0,0107	1,1776	0,02069	3,920	2,536	0,029	1,326	0,015	0,1957	0,251
1,253	0,0146	1,8457	0,02206	3,226	2,000	0,025	1,540	0,018	0,1366	0,205
0,883	0,0128	1,1455	0,01665	3,945	1,905	0,027	1,760	0,026	0,1304	0,160
1,093	0,0109	1,6953	0,01696	4,017	2,750	0,027	1,620	0,046	0,1314	0,203
1,438	0,0111	2,3296	0,01800	4,250	3,933	0,030	1,552	0,012	0,1345	0,217
1,210	0,0099	1,8392	0,01505	4,178	3,650	0,029	1,530	0,012	0,1765	0,268
1,363	0,0102	2,0507	0,[illegible]1542	4,250	3,841	0,021	1,518	0,011	0,1616	0,243
0,846	0,0126	1,0321	0,01539	3,365	2,290	0,034	0,815	0,012	0,2110	0,257
1,797	0,0118	2,8244	0,01859	4,750	4,270	0,028	1,683	0,011	0,1370	0,215
1,944	0,0198	3,3100	0,01685	5.000	4,855	0,024	2,035	0,010	0,1485	0,252
1,340	0,0106	1,9322	0,01539	4,500	3,080	0,024	1,490	0,012	0,1548	0,223
0,167	0,0142	1,9852	0,01615	3,500	2,535	0,020	1,645	0,013	0,1565	0,176
2,970	0,0084	9,5600	0,02567	5,000	7,354	0,021	3,180	0,008	0,0825	0,265

MOYENNES

m2.	m2.	m3.	m3.	m.	m3	m3	m3.	m3.	m2.	m2
1,082	0,0142	1,446	0,0187	3,294	2,147	0.0278	1,098	0,014	0,1618	0,2140
1,174	0,0131	1,701	0,0213	3,536	2,439	0,0237	1,343	0,015	0,1575	0,2229
1,197	0,0110	1,812	0,0164	4,128	3,216	0,0270	1,596	0,014	0,1469	0,2003
1,944	0,0098	3,310	0,0168	5,000	4,855	0,0240	2,055	0,010	0,1485	0,2528
2,970	0,0084	9,560	0,0251	5,000	7,844	0,0212	3,180	0,008	0,0825	0,2658

Nous ne pouvons maintenant mieux faire que d'emprunter à l'auteur le texte même des observations qu'il tire de ce tableau.

« Les conséquences des chiffres que ce tableau présente sont, les unes absolues, les autres simplement indicatives de faits d'expérience, dont la règle est encore incertaine. »

Parmi les résultats absolus et incontestables nous placerons les faits suivants :

« 1° L'art cherche à obtenir la plus grande puissance mécanique de la moindre quantité de combustible, d'eau et de métal;

« 2° Il y a accroissement continu dans les dimensions des machines;

« 3° La surface de chauffe s'accroît également;

« 4° L'espace offert dans les cylindres, à la vapeur, pour l'utilisation de sa puissance de dilatation s'accroît aussi;

« 5° Il en est de même, mais dans des rapports variables, de la surface de la grille, de la capacité de la chambre de combustion, de l'étendue du contact des gaz produits par la combustion avec les surfaces métalliques du générateur, du volume d'eau dans la chaudière et du volume du réservoir de vapeur.

« A côté de ces faits, dont l'exactitude est absolue, si on cherche ceux qui établissent les rapports entre les divers éléments de la puissance mécanique, on en trouve d'incontestables et d'incertains.

« 1° Le rapport du volume de cylindrées à la surface de chauffe constate une plus grande utilisation relative de la puissance de dilatation de la vapeur dans les machines destinées à remorquer des trains lourds à de faibles vitesses, que dans les machines destinées aux trains légers et rapides. On doit s'applaudir de ce résultat qui est conforme aux plus saines théories d'emploi de la vapeur.

« 2° La surface de grille ne croît pas en raison directe de la surface de chauffe, et cela s'explique par cette raison que la vitesse d'introduction, dans le foyer, de l'air servant à la combustion dépend, à la fois, de la section des passages que laisse le combustible, et de la différence de pression entre le foyer et l'air extérieur; d'où il résulte que, pour une section moindre, il faut un tirage plus énergique qui peut être obtenu par des échappements plus fréquents émettant une plus grande quantité de vapeur. Cela s'explique encore parce que la substitution de la houille au coke conduit moins à une augmentation de la surface de grille qu'à l'augmentation de la chambre de combustion, à cause du dégagement considérable de gaz que produit la houille dans les premières périodes de la combustion.

« Il s'agit ici de la houille sèche et en fragments, qui s'allume plus vite et plus facilement que le coke, tout en laissant des passages d'air aussi faciles à travers sa masse. Il en serait tout autrement du menu, qui exige, au contraire, de très-larges surfaces de grille, et ne peut, en conséquence, être brûlé convenablement dans les foyers actuels des machines locomotives qu'à l'état d'agglomérés.

« 3° Le rapport du volume d'eau dans la chaudière à la surface de chauffe varie avec les dispositions générales du générateur.

« 4° Le rapport de la capacité de la chambre de combustion des gaz avec les surfaces de grille et de chauffe et avec la section des tubes n'a pas varié malgré la substitution de la houille au coke, ce qui semble contraire aux règles théoriques de la combustion.

« 5° Le rapport du volume de vapeur dans la chaudière à la surface de chauffe se modifie à mesure que la puissance des machines augmente; c'est-à-dire par la diminution progressive du réservoir de vapeur à mesure que les facultés de production de vapeur de la chaudière augmentent.

« 6° La durée ou l'étendue du contact des gaz produits par la combustion tend à s'accroître, mais elle dépend de la disposition générale de la machine, en ce qui concerne la situation des essieux sur lesquels son poids est distribué.

« 7° Le rapport de la section des tubes à la surface de la grille est resté sensiblement constant.

« 8° Le poids du générateur, abstraction faite du mécanisme de transmission de force, est sensiblement proportionnel à l'accroissement de la surface de chauffe.

« Ces préliminaires posés, nous en déduirons l'application aux dispositions à prendre pour accroître la puissance des machines.

« La production de vapeur ne s'obtient, dans une machine locomotive, qu'au moyen de combinaisons propres à favoriser : 1° la combustion, qui produit la chaleur ; 2° la transmission de la chaleur produite par la combustion, à travers les parois métalliques du générateur.

« La combustion n'est parfaite qu'autant que le carbone et les gaz produits par le combustible ont été complétement convertis, dans le foyer et les espaces situés entre le foyer et la cheminée, en gaz incombustibles.

« Considérons les trois parties dont l'appareil se compose : la grille, la chambre de combustion et les conduits par lesquels les gaz se dirigent en se refroidissant vers la cheminée.

« La surface de la grille dépend de la nature du combustible, c'est-à-dire de sa propriété de laisser passer entre ses fragments l'air qui doit servir à la combustion, et de l'énergie du tirage.

« Les dimensions de la chambre de combustion dépendent des quantités de gaz combustibles que fournissent la houille, le coke ou le bois, et des quantités d'air que nécessite la combustion de ces gaz.

« Enfin, la section des conduits des gaz produits par la combustion dépend du tirage, c'est-à-dire de la vitesse d'écoulement imprimée à ces gaz par la différence de pression entre le foyer et l'air extérieur.

« Chacune de ces dispositions a été étudiée, depuis bien des années, à son point de vue spécial et dans ses rapports avec l'ensemble. La limite de la puissance des machines, au point de vue de la vaporisation, a été déterminée par une relation générale, dont un des termes est la combinaison des divers éléments qui constituent le générateur, et l'autre la disposition des supports de ce générateur sur la voie.

« Le second terme, celui de la disposition des supports du générateur sur la voie étant le moins compliqué des deux, nous l'examinerons d'abord.

« La réaction, sur la voie, des roues, de leurs essieux et des châssis qu'elles supportent, a pour origine : 1° le poids porté par chaque roue ; 2° la distance rigide des points de contact de ces roues sur les rails, déterminée par l'écartement extrême des essieux.

« La pression exercée sur la voie par les roues de chaque essieu se compose du poids de ces roues et de leur essieu, et de la charge qui leur est transmise par le châssis. Cette charge dépend du poids total de la machine et de la distance mesurée en projection horizontale de chacun des points de contact des roues sur les rails ou, ce qui revient au même, de la distance de l'axe de chacun des essieux au centre de gravité.

« Le poids ne dépasse pas impunément 6 tonnes par roue, c'est-à-dire que, sous l'influence d'un poids plus considérable, les bandages et les rails sont rapidement altérés. C'est donc là, quant à présent, une limite à la charge que doivent porter les roues.

« Quant à la rigidité des points de contact, elle n'affecte la voie qu'à raison du rayon des courbes, et de la distance ou de l'écartement entre les essieux extrêmes.

« Jusqu'à l'invention d'Engerth, l'habitude était, soit de tout rassembler sur un seul châssis, générateur, mécanisme et approvisionnement d'eau et de combustible; soit de partager l'ensemble de la machine entre deux châssis, le générateur avec son mécanisme, d'une part, et l'approvisionnement d'eau et de combustible, de l'autre.

« Engerth assembla les deux châssis, en les articulant pour faire supporter aux roues du tender une partie du générateur et pour augmenter au besoin l'adhérence, en communiquant la puissance motrice à un essieu du tender. C'est cette combinaison qui a réussi, en ce qui concerne la réunion des deux châssis, c'est à elle qu'on doit les machines les plus puissantes qui aient été construites jusqu'à ce jour. Le type qui présente les plus grandes dimensions est celui du Nord. L'écartement extrême des essieux, qui portent sur un cadre rigide la plus grande partie du générateur et le mécanisme, est de 3m,95. La charge de chacun des essieux est de 9t,2 à 11t,1.

« La longueur du générateur est :

« Boîte à fumée.	0m,80	7m,32
« Corps cylindrique.	4, 88	
« Corps carré, contenant le foyer. . . .	1, 64	

« Un générateur d'une pareille longueur ne pouvait être également supporté par les quatre essieux. Eût-il pu l'être, le poids de 12 tonnes par essieu aurait été dépassé. Aussi, l'essieu d'avant du tender a-t-il reçu une partie du poids du générateur. On peut donc considérer que la limite de cette combinaison était une surface de chauffe de 196m², chargeant quatre essieux du poids de 40 tonnes, et un cinquième essieu d'un poids supplémentaire.

« Or, la base rigide de cette machine, c'est-à-dire l'écartement entre les essieux extrêmes, 3m,95, ne lui permet pas de passer dans des courbes de 200 à 250 mètres.

« Tel est, pour la machine la plus puissante, l'un des termes de la relation avec la voie.

« Il convient, peut-être, d'examiner ici ce qui s'est fait dans cette direction, d'après les anciennes dispositions consistant :

« 1° Dans l'emploi de deux véhicules, machine d'un côté, tender de l'autre;

« 2° Dans l'emploi d'un seul véhicule comprenant la machine et le tender.

« Dans la première de ces deux dispositions, la machine présentant la plus grande surface de chauffe est celle du Bourbonnais. Elle a 135 mètres carrés, elle pèse 32,278 kilog.; elle est portée par trois essieux moteurs, dont l'écartement extrême est de $3^m,37$; son tender détaché élève ce poids à 50,528 kilog. (C'est le n° 15 du *Guide du Constructeur*.)

« La machine la plus puissante, dans la disposition qui consiste à tout placer sur un seul véhicule, est la machine construite, pour le chemin de fer du Nord, dite « *Machine pour fortes rampes*, » qui a une surface de chauffe de $125^{m^2},68$. (N° 20 *du Guide du Constructeur*.) Elle est portée sur quatre essieux dont l'écartement extrême est de $3^m,35$; elle pèse, avec son approvisionnement d'eau et de coke, 37,500 kilog. L'effort continu de traction dont cette machine est susceptible est de 4,346 kilog., inférieur de 1,237 kilog., c'est-à-dire de plus du cinquième, à son adhérence disponible comptée au sixième de son poids moyen, soit 5,583 kilog.

« Cette machine et la précédente ne pourraient circuler convenablement dans des courbes de moins de 150 mètres de rayon.

« Ainsi, dans sa relation avec la voie, le dernier mot de la machine locomotive est un effort maximum de 5,859 kil., avec des courbes d'un rayon minimum de 200 à 250^m, et un effort de 4,356 kil., avec des courbes de 150 mètres de rayon.

« Examinons maintenant l'autre terme de la puissance des machines, celui qui est donné par la combinaison des divers éléments qui constituent le générateur et le mécanisme.

« La machine Engerth et la machine à fortes rampes ont des roues de faibles diamètres et des cylindres de grande dimension ; elles fournissent, en conséquence, à la vapeur un grand espace pour son utilisation, et produisent, par la fréquence de leurs échappements, un tirage actif dans le foyer.

« La machine à fortes rampes offre, en outre, une disposition particulière pour la combustion de la houille, c'est la grande surface relative de sa grille.

« Malgré les perfectionnements réalisés dans ces deux machines, l'expérience a établi qu'elles ne peuvent transmettre un effort continu égal à leur adhérence disponible. D'où on peut conclure, sans hésitation, que ni l'un ni l'autre des deux systèmes connus n'est susceptible de produire une puissance mécanique plus grande, et qu'en conséquence ils sont tous deux insuffisants pour l'exploitation des rampes inclinées à 50 m/m et au-dessus ayant une grande étendue; que, de plus, ni l'un ni l'autre de ces deux systèmes ne peut se prêter, à cause de la longueur de sa base, à la circulation dans des courbes de 25^{m} de rayon.

« S'il est facile de comprendre, par ce qui précède, pourquoi il y a une limite de production de puissance mécanique imposée à ces deux systèmes de construction, par le poids et le volume du générateur et de ses accessoires, il ne l'est pas, au même degré, de déterminer les dispositions par lesquelles il est possible de dépasser cette limite. »

Il ressort encore du tableau ci-dessus, que les limites de la vaporisation et de l'adhérence dans les locomotives sont résumées aujourd'hui dans la machine Engerth, construite par l'usine du Creusot pour le chemin de fer du Nord; elle a 196^{m2} de surface de chauffe, et son adhérence, comptée au sixième du poids porté sur les roues (soit 40,296 kil.), est de 6,716 kil. Elle traîne, sur une rampe de 5 m/m ayant 24 kilomètres de longueur, 633 tonnes, machine comprise, et réalise ainsi, à $9^{k},25^{c}$, par tonne un effort de 5,859 kil. L'adhérence est donc supérieure de 1/7 environ à l'effort de traction.

Quant à la vaporisation, elle est de 5,454 kil. d'eau avec 587 kil. de houille par heure.

M. Flachat cite également, comme une des machines les plus puissantes, la machine à fortes rampes du chemin du Nord, due à M. Pétiet.

L'étude des dispositions de ces deux machines est le point de départ de M. Flachat pour l'étude de la nouvelle machine qu'il projette.

Nous citerons encore textuellement les observations de M. Flachat sur cette intéressante question de la construction des machines.

Il résulte de cette discussion que, pour les deux types de machines les plus puissantes construites jusqu'à ce jour, la production de vapeur est encore insuffisante pour répondre au maximum d'adhérence.

Un point très-important que M. Flachat fait ensuite ressortir, et sur lequel il insiste avec beaucoup de raison, c'est que, dans les locomotives, la substitution de la houille au coke doit exiger une chambre de combustion beaucoup plus grande que celle qu'exige ce dernier combustible, dans le rapport de 84 à 56; c'est ce qui le conduira à proposer une boîte à feu à corps cylindrique, pénétrant dans l'intérieur de la chaudière.

En résumé, la limite de la puissance des machines locomotives correspond aujourd'hui à un effort de traction de 6,000 kilog. obtenu avec une surface de chauffe de 196^{m2}. C'est la machine Engerth du Nord qui, même avec une articulation dans le châssis, ne peut marcher dans des courbes de moins de 150 mètres de rayon.

L'autre machine qui peut circuler dans des courbes de moins de 150 mètres de rayon, et dont tout l'appareil est porté sur quatre essieux, est la machine à fortes rampes du Nord, dont l'effort de traction n'est que de 4,330 kil. et la surface de chauffe de 124^{m2}.

Si on applique ces machines à la traction sur rampes de 30 et 60 m/m, leur travail effectif se réduit à remorquer, à la vitesse de 16 kilomètres, une charge brute de 28^t et 17^t pour la machine Engerth, et une charge brute de 24^t et 17^t pour la machine à fortes rampes. Ces résultats sont donc complétement insuffisants pour la traversée des Alpes.

M. Flachat a, dès lors, cherché dans le principe des trucks à pivot du matériel américain la solution qu'il poursuivait. Avec ce système, en effet, il peut avoir un générateur porté sur deux trucks, dont la surface de chauffe peut sans difficulté atteindre 380 mètres carrés, développer un effort de traction allant à 12,500 kilog. et passer dans des courbes de 20 à 25 mètres de rayon; le poids de cette locomotive portée sur deux trucks, à trois essieux chacun, n'excédera pas 64^t; ça n'est pas tout à fait 11^t par essieu.

Tel est le point de départ de la construction de la nouvelle machine que M. Flachat propose; ses dispositions sont simples, il les compare à celles de la machine Engerth.

« Le générateur nouveau n'offre, quant à son agencement général, d'autre différence avec celui de l'Engerth qu'une addition d'espace à la chambre de combustion. L'exiguité de l'espace destiné à la combustion des gaz dans les foyers des machines locomotives est un des grands défauts de ces machines, depuis que l'emploi de la houille s'est généralisé, et qu'il est démontré qu'il faut le généraliser encore plus qu'on ne le fait jusqu'ici.

« Cette opinion est partagée par tous les ingénieurs; mais la forme générale de la construction ne permettait de modifier les foyers qu'en diminuant la longueur des tubes, c'est-à-dire la durée du contact des gaz produits par la combustion avec les surfaces métalliques servant à la transmission de la chaleur à l'eau contenue dans la chaudière.

« La chambre de combustion, qui, dans l'Engerth, a 5^{m3},310, sera dans la machine nouvelle de 9^{m3},560; le rapport donne, par mètre carré de surface de chauffe, en décimètres cubes, 16,85 pour la première et 25 pour la seconde machine; c'est un tiers de plus.

« La surface de grille sera de 2^{m2},97 ; celle de l'Engerth est de 1^{m2},94. Nous avons dit que la surface de grille ne s'accroît pas dans les machines en raison directe de leur surface de chauffe.

« Les moyennes donnent, à cet égard, les résultats suivants :

MACHINES		MÈTRES CARRÉS de surface de chauffe	Surface de grille par mètre carré de surface de chauffe
		m2	Décimètres carrés
Machines	à voyageurs.	77,47	1,42
Id.	mixtes.	89,04	1,31
Id.	à marchandises.	105,69	1,10
Id.	Engerth (Nord).	196,39	0,98
Id.	nouvelle.	370, »	0,84

« La décroissance proportionnelle de la surface de grille est beaucoup moindre dans la nouvelle machine que dans les autres; on peut donc la considérer comme étant, sous ce rapport, dans de meilleures conditions.

« Les tubes ont la même longueur que ceux de l'Engerth, parce que, si l'expérience ne contredit pas le mérite de cette disposition, elle n'indique pas qu'une plus grande longueur soit indispensable.

« Il paraît, en effet, bien établi que les flammes produites par la combustion des gaz s'éteignent après quelques décimètres de parcours dans les tubes, et que celles qui sortent quelquefois par la cheminée proviennent de ce que ces gaz se rallument dans la boîte à fumée, par suite de leur combustion incomplète dans le foyer, et de la présence de fragments de combustibles incandescents dans la boîte à fumée; mais l'expérience n'a pas démontré que la température des gaz fût, à la sortie des tubes, trop basse pour être utile à la production de la vapeur.

« Si la circulation de l'eau dans les générateurs est, comme tout porte à le croire, une conséquence forcée de la production de la vapeur, et de l'inégalité de la température transmise par les parois métalliques exposées, soit au calorique rayonnant, soit au contact des gaz chauds, tout ce qui est recueilli de la température produite par la combustion devient utile. Il suffit pour cela que la transmission de la chaleur s'accomplisse dans des conditions qui aident à cette circulation. Or, aucune disposition n'est plus favorable à la circulation régulière de l'eau que celle du générateur des locomotives, parce que la transmission de la chaleur s'accroît progressivement, depuis l'extrémité des tubes, où elle est la moins active, jusqu'à l'entourage du foyer, où elle a la plus grande activité et où se produit la plus grande quantité de vapeur. N'est-il pas évident alors que tout prolongement de dimension d'un générateur, qui aurait pour conséquence d'accroître la température de l'eau, en enlevant aux gaz produits par la combustion toute la chaleur qu'ils contiennent, serait favorable à la production de vapeur et à l'économie du combustible?

« En considérant, d'ailleurs, l'énorme vitesse dont les gaz sont animés, la durée du contact dans 5 mètres de longueur est toujours trop faible pour qu'il y ait lieu de la diminuer, puisque l'expérience établit que cette longueur se prête à de grandes variations dans le tirage, et que, tout en assurant le refroidissement des gaz, c'est à-dire l'absorption utile de la chaleur qu'ils contiennent, elle n'est pas un obstacle à leur vitesse d'écoulement.

« Reste la section des tubes considérée comme passage des gaz brûlés. L'Engerth a 255 tubes, tandis que la nouvelle machine en a 402; c'est près du double et c'est beaucoup : car, il y a de bonnes raisons pour qu'il en soit des orifices d'écoulement des gaz comme de la surface de chauffe; tout au plus la section des tubes serait-elle dans le rapport de la consommation en combustible; mais, en serait-il de même avec la complète combustion qu'amènera, sans nul doute, l'augmentation de la chambre de combustion? Bien que nous nous soyons tenus dans les règles habituelles quant à la proportion de la section des tubes à la surface de grille, nous nous demandons s'il y a vraiment un rapport à établir entre ces deux dimensions élémentaires d'un générateur de locomotive.

« Le combustible, élevé à une certaine température, dégage des gaz dont une partie est combustible; la combustion n'en produit que d'incombustibles. Si elle n'est pas complète, les gaz sortent du foyer, en partie combustibles, en partie incombustibles. Ce n'est pas l'élévation de la température qui a manqué aux premiers, puisqu'ils se rallument à la base de la cheminée au contact d'un corps incandescent, comme le gaz hydrogène carboné servant à l'éclairage, c'est l'oxygène de l'air qui leur a manqué.

« Si l'existence de la flamme ne prouvait pas que la combustion s'effectue principalement au-dessus du combustible, le fait que nous signalons l'établirait. Du reste, personne ne conteste que la production de l'hydrogène carboné par la houille ne soit, dans un foyer, le prélude de la combustion, et que celle-ci ne s'accomplisse, dans ce cas, au-dessus du combustible.

« On est moins affirmatif quant à la région où s'accomplit la combustion du coke et la production de l'acide carbonique; la présence de l'oxyde de carbone au-dessus du combustible est cependant parfaitement établie, puisqu'il est facile d'en recueillir dans tous les foyers à l'extrémité de la cheminée, en épaississant la couche de combustible sur la grille ; elle est encore démontrée par l'existence de la flamme qui s'élève au-dessus du coke. Cette flamme, d'une coloration et d'une ténuité très-différentes de celles de la houille, est parfaitement perceptible dans les grands foyers à coke, par des yeux exercés, même quand ce combustible est très-pur.

« Une autre preuve se trouverait encore dans les transformations successives en oxyde de carbone et acide carbonique dont ces gaz sont susceptibles, et qui ont été constatées par Ebelmen dans les hauts-fourneaux.

« Si, donc, il est démontré, par des preuves surabondantes, que c'est au-dessus du foyer, c'est-à-dire dans la chambre de combustion, que s'accomplissent principalement les actions chimiques et physiques qui doivent avoir pour but la production des gaz incombustibles, le volume de cette chambre devient l'une des conditions les plus nécessaires à déterminer.

« L'analyse saisit alors la possibilité de calculer le volume des gaz qui doivent entrer, se modifier et sortir de cet espace, abstraction faite, il est vrai, de leur raréfaction, qui dépend de la température du milieu, et qui ne permet pas de le préciser parce que la température exacte n'est pas bien connue ; mais elle démontre la relation naturelle de la capacité de la chambre de combustion, qui est l'atelier où doivent se former les gaz incombustibles, avec la section des tubes par lesquels les gaz s'échappent.

« Cette opinion semble, du reste, partagée par les ingénieurs américains, d'après les dimensions relatives qu'ils ont données à la chambre de combustion et à la section des tubes, dans les machines de récente construction, où ils ont eu en vue l'usage exclusif de la houille.

« Le volume d'eau dans le générateur nouveau est, par mètre carré de surface de chauffe, dans le même rapport que dans les autres constructions.

« Quant au volume du réservoir de vapeur, il est dans le rapport de décroissance de la moyenne indiquée au tableau ; c'est suffisant, mais ce n'en est pas mieux, car il y a des inconvénients dans l'insuffisance d'espace, tandis qu'il n'en est aucun dans un excès à cet égard.

« La puissance mécanique produite par la vapeur dans le générateur nouveau sera employée d'une manière beaucoup plus avantageuse que dans l'Engerth, à cause de l'espace offert dans les cylindres, à cette vapeur, par mètre carré de surface de chauffe. La différence sera du simple au double : à savoir, dans l'Engerth, 668 litres par mètre carré de surface de chauffe, et dans l'autre, 1,362 litres. C'est que, dans ce dernier cas, les cylindres qui servent à l'emploi de la vapeur sont beaucoup plus nombreux que dans le premier.

« Dans le système ordinaire, il y a deux cylindres par machine, tandis que dans le nouveau il y aura quatre cylindres par véhicule. Ils seront beaucoup moins grands, mais le volume qu'ils offriront à la vapeur dépassera le double de ce qu'il est dans l'Engerth.

« L'augmentation des dimensions du générateur, qui est facilitée par la distance des points de support, doit donner à ses facultés de production de vapeur des avantages considérables.

« Le corps carré qui contient le foyer pouvant être augmenté en largeur, le foyer aurait une forme évasée par le bas, afin que le dégagement de la vapeur sur la paroi du foyer devienne plus facile, et que le renouvellement de l'eau sur la surface soit plus régulier.

« On sait combien ces deux conditions sont importantes, à cause de la supériorité que l'eau a sur la vapeur pour conduire la chaleur et l'enlever aux parois du métal. Le contact de la vapeur n'empêche pas d'amener au rouge des surfaces que le contact continu avec l'eau entretient toujours à une température qui préserve le métal de toute altération. Que de foyers de locomotives portent la trace d'une température allant jusqu'au ramollissement du métal, parce que la vapeur ne se dégage que difficilement dans l'étroit espace situé entre le foyer et l'enveloppe, et de la difficulté, augmentée par les incrustations, qu'y éprouve la circulation de l'eau.

« Le passage de l'eau à la partie inférieure du foyer vers l'origine des tubes sera également facilité, puisque non-seulement il n'y aura pas, en cet endroit, l'étranglement habituel, mais que l'espace y sera au gré du constructeur. La circulation de l'eau, qui se dirige toujours vers les points où la température est la plus élevée et où la production de vapeur est la plus abondante, s'accomplira en partant de l'extrémité des tubes ; elle suivra la partie inférieure du corps cylindrique pour remonter le long des parois du foyer, de telle sorte que ce phénomène important, sans lequel la puissance de vaporisation d'une surface métallique est incomplète, atteindra ses effets normaux.

De l'ensemble des dispositions décrites ci-dessus, nous attendons les résultats suivants : A la vitesse de 16 kilomètres à l'heure, le nouveau générateur convertira en vapeur 28 kilog. au moins d'eau par mètre carré de surface de chauffe, soit en totalité 10,560 kilogrammes ; l'effort de traction qu'il pourra maintenir sera de 12,500 kilog. ; et le poids qui pourra être remorqué par cette force mécanique sera, sur une rampe de 50 m/m, de $\frac{12,500^k}{58}$ = 216 tonnes. Le générateur pesant 62 tonnes, il en restera 144 pour le train, qui portera ainsi 100 tonnes de poids net. Le poids qui paie sera au poids total comme 46 est à 100. Cela se réduira, sur une rampe de 60 m/m, à 184 tonnes de poids total, à 122 de poids de train, et à 80 de poids utile. Ce poids sera encore au poids total comme 44,5 est à 100.

« Des générateurs de poids plus faible ou plus considérable

pourront desservir un trafic plus faible ou plus étendu, suivant les besoins de la circulation ; car le matériel porté sur châssis mobiles se prête, sous ce rapport, à de meilleures conditions que le matériel dont les essieux et le mécanisme sont assemblés d'une manière rigide au châssis qui porte le générateur. »

Nous n'avons rien voulu retrancher de cette exposition qui résume les observations les plus complètes sur le phénomène de la combustion, sur l'utilisation de la chaleur, sur la production et l'emploi de la vapeur dans les locomotives.

Enfin, ce qui distinguera essentiellement le moteur dans ce système de ce qu'il est sur les autres chemins de fer, c'est l'application à la machine et au premier ou aux 2 premiers véhicules qui la suivent de 4 cylindres recevant la vapeur d'un générateur unique.

C'est ainsi qu'avec 380^{m2} de surface de chauffe M. Flachat obtient un effort de 12,500 kil. représentant un train de 100 tonnes de poids utile sur une rampe de 50 m/m, ou 80 tonnes utiles et sur une rampe de 60 m/m.

§ VI. *Quels obstacles la climatologie des cols des Alpes apportera-t-elle à l'exploitation d'un chemin de fer tracé en rampes de 50 à 60 m/m?*

Cette question est une de celles qui préoccupent le plus le public. Le voyageur qui, de la plaine, passe dans la montagne, éprouve, presque sans transition, un changement tellement brusque, que son imagination en est vivement frappée. Cependant l'étude attentive faite, depuis de Saussure, de la météorologie des Alpes, permet aujourd'hui d'apprécier à leur juste valeur les obstacles et les moyens de les surmonter.

M. Flachat présente dans une série de tableaux les résultats d'observations faites pendant de nombreuses années, sur le Grimsel, sur le Saint-Bernard et au Simplon. On peut ainsi apprécier les obstacles sous les trois formes qu'ils affectent, neige accumulée, avalanches, tourmentes.

L'accumulation de la neige sur le chemin résulte d'abord de la quantité tombée. Cette quantité en 12 années, au Saint-Bernard, a varié par an de 3,527 m/m à 13,482 m/m. La hauteur maxima tombée dans un jour a été de 620 m/m. Ce maximum n'a été atteint que 2 fois en 12 ans. On trouve ensuite 4 jours de 510 à 610 m/m; 6 jours de 400 à 500 m/m; 24 jours de 300 à 400 m/m; 39 jours de 200 à 300 m/m.

En 13 ans le nombre de jours de neige a été de 1,030, soit en moyenne 79 par an. Sur ce nombre il en est les quatre dixièmes pendant lesquels l'épaisseur tombée par jour n'excède pas 50 m/m, et près des neuf dixièmes dans lesquels elle n'excède pas 200 m/m.

Pendant 7 mois, la neige tombée ne fond pas, il faut l'enlever. Que sera ce travail? Les documents produits permettent de l'établir : le mètre cube de neige pèse 85 kil. Pour élever à $2^{m},50$ et déverser hors la voie une couche de 40 centimètres de neige, il faudra emprunter à la machine 3 à 4 chevaux vapeur. Pour le maximum de neige de 60 centimètres, ce serait 4 à 6 chevaux.

M. Flachat propose l'emploi permanent, en hiver, de charrues déversoirs, dont la circulation journalière empêchera toute accumulation de neige tombée.

Sur certaines parties les accumulations de neige peuvent prendre une importance beaucoup plus grande, lorsqu'elles se forment de neige entraînée. Dans les grands froids, la neige tombante acquiert une finesse et une légèreté qui en fait une fine poussière. A cet état, le vent, même sans violence, l'entraîne et la dépose partout où un vide ou un obstacle détermine un remous d'air, une diminution de vitesse. On devra en tenir compte dans le tracé, et peut-être faudra-t-il employer quelque moyen de déblaiement encore plus efficace que la charrue. D'ailleurs, dans les plus hautes régions, le chemin sera couvert et par conséquent garanti.

M. Flachat donne le détail du service d'enlèvement des neiges sur la route du Simplon. Ce service coûte de 8 à 11 mille francs par an. On n'enlève pas toute la neige, il est vrai, mais aussi on n'emploie que la force animale, et d'une manière intermittente. Les interruptions de la circulation dans une période de 15 années donnent une moyenne de 7 jours par an.

L'obstacle de la neige tombée n'a donc rien de si redoutable et ne justifie pas l'idée très-exagérée qu'on s'en fait généralement. Il est certainement moindre dans les Alpes, que dans les pays du Nord, où nos capitalistes vont sans crainte construire des lignes de plusieurs centaines de kilomètres. A température égale, nous dirons même que l'avantage est à la montagne, où le tracé développé sur le penchant du versant présente toujours à côté de lui un vide prêt à recevoir la neige déblayée.

Les avalanches forment une autre nature d'obstacle à la circulation. Ce n'est pas seulement un obstacle, mais aussi un danger. L'avalanche est quelquefois un torrent de neige qui se précipite avec une rapidité excessive et emporte tout obstacle dont la masse n'est pas suffisante pour le contenir, ou dont la disposition n'est pas de nature à le faire dévier de sa direction.

Comme les torrents d'eau, les avalanches ont leur thalweg qu'elles suivent invariablement. Leur cours est donc connu ; mais le moment de leur chute est indéterminé. On sait que telle variation météorologique amènera l'imminence de l'avalanche ; mais son moment d'équilibre est tellement variable, qu'un rien suffit à arrêter ou déterminer la chute. Au moment où elle a lieu, le fracas qu'elle produit, la vibration qu'elle propage à l'air et au sol étendent l'ébranlement ; de grandes masses se mettent en mouvement sur les versants convergents au thalweg de l'avalanche, et celle-ci en descendant vers le fond de la vallée s'accroît en masse et en vitesse. Tout obstacle s'opposant carrément à l'avalanche est emporté, s'il n'est d'une grande masse et fortement enraciné dans le sol ; mais cependant l'avalanche suit les ondulations du terrain, d'où résulte une conséquence importante, c'est que toute construction continuant, sans l'interrompre, le chemin de l'avalanche ne sera pas affectée par elle. Sous une telle construction, qu'elle soit en pierre ou en simple charpente, la viabilité sera assurée.

Une avalanche peut être très-exactement comparée, quant à sa marche et à ses effets, à un lourd convoi de chemin de fer lancé à grande vitesse sur les rails. La pression sur le sol et sur les ponts, viaducs, ou estacades, n'est égale qu'au poids (faiblement affecté par la vitesse) de chaque véhicule qui passe successivement. Mais, si un obstacle est placé sur la voie, il est immédiatement renversé par la puissance vive accumulée de tout le convoi. De même pour l'avalanche. Le jeu d'une aiguille, l'inflexion courbe des rails change sans choc la direction du train; de même une faible estacade en charpente, continuant sur une route l'inflexion du sol, dévie la course de l'avalanche.

Au Simplon la route est couverte, aux passages des grandes avalanches, par des galeries en pierre d'une construction légère.

Après les avalanches, les tourmentes sont le dernier obstacle, le dernier danger spécial opposé à la circulation dans la montagne. « Les tourmentes sont aussi redoutables, pour tout ce qui « est susceptible de céder à leur violence, qu'elles sont inoffen- « sives pour les ouvrages que l'homme a faits dans l'intention de « s'en préserver. » On n'a pas de données bien certaines sur l'intensité maxima du vent dans la tourmente; mais si l'on considère que dans les parties de la montagne, ordinairement parcourues par cet ouragan passager, la grande végétation, les arbres élevés persistent tant que la température le permet, on est porté à conclure que la violence du vent n'y atteint pas celle des grands ouragans auquels nul arbre ne peut résister. Dans la montagne on rencontre, il est vrai, des arbres de tout âge brisés par la tourmente, mais ces accidents paraissent le résultat de rafales subites, de trombes ou tourbillons, dont l'action est très-circonscrite, et ne se fait sentir qu'en raison de la très-grande surface que les arbres leur opposent. M. Flachat ne paraît pas croire qu'on ait à redouter des effets aussi violents que ceux qui ont été produits sur le chemin de fer du Midi dans la plaine de Narbonne, par un ouragan qui renversa une partie de deux trains en marche. Dans cet accident, on remarqua que les wagons chargés se maintinrent sur la voie; d'où l'on peut conclure que le matériel spécial appliqué au passage du Simplon sera, par sa pesanteur et sa stabilité, complétement en état de résister à l'action des tourmentes.

Les tourmentes ne seront pas un danger pour les trains, ceux-ci ne seront ni emportés ni renversés par le vent. Mais, soit à la remonte, soit à la descente, le train pendant la tourmente devra toujours être complétement à la main de ses conducteurs.

Les tourmentes ont lieu principalement au moment de la tombée de la neige; elles produisent sur certains points des accumulations subites de neige qui peuvent devenir assez considérables pour obstruer le passage. Il faut donc à chaque instant être prêt à aborder un obstacle de neige.

Ceci d'ailleurs ne se présente que rarement en définitive; car, en 15 années, la moyenne des jours d'interruption de la route du Simplon, tant par les avalanches que par les tourmentes, n'a été que de 7 jours par an. On a vu d'ailleurs que l'emploi de la force mécanique au déblaiement de la neige réduisait à des heures ces jours d'interruption.

En résumé, il résulte de tous les faits exposés dans le mémoire, que le froid et la neige accumulée ne seront pas un obstacle d'autre nature que sur les chemins russes dont l'exploitation n'a jamais été entravée par ces causes. Seulement le passage du Simplon aura 50 à 60 kilomètres dans ces conditions; le chemin de Moscou à Saint-Pétersbourg en a 650. Les avalanches sont des cours de neige connus comme les cours d'eau; on fera passer l'avalanche sur le chemin, comme celui-ci sur le cours d'eau, avec la même sécurité pour la circulation. La tourmente n'est pas plus à craindre, quant à ses effets mécaniques sur les trains, que les ouragans des pays de plaine.

La complète possession des trains, assurée par un matériel spécial, annulera le danger qui pourrait résulter d'encombrement subit de neige.

Nous placerons ici les observations faites par M. Jacquemin, au Simplon, rapportées par M. Flachat.

« *Observations sur la nature de la neige.* — Pendant les mois de décembre, janvier et février, la neige tombe en paillettes, poussière fine et pénétrante.

« Celle qui tombe pendant les mois de novembre, mars et avril est humide et en gros flocons. Suivant la température, elle peut tomber en poussière sur la hauteur, et plus bas en gros flocons humides.

« *Jours de neige.* — En octobre, vers la fin du mois, pendant. . . . . 3 jours

« En novembre, les jours les plus neigeux sont les premiers jours, vers les 12, 13 et 14 et sur la fin du mois. On peut généralement admettre qu'il neige. . . . . 10 id.

« En décembre, il neige ordinairement vers le 6, le 20, et sur la fin du mois, soit pendant . . 11 id.

« En janvier, il neige ordinairement vers le 6, le 17, et sur la fin du mois, soit pendant . . . 9 id.

« En février, la neige tombe généralement. . 6 à 7 id.

« En mars, l'hiver est ordinairement calme, et, s'il neige, la circulation est rarement interrompue.

« En avril, la température est très-variable; la pluie et la neige se succèdent souvent, sans cependant interrompre le passage du Simplon, sauf vers la fin du mois, époque à laquelle un retour de neige est assez fréquent, retour qui a presque toujours pour conséquence l'interruption du passage du Simplon, pendant 2 ou 3 jours.

« En mai, la neige tombe encore, au commencement, pendant 1 ou 2 jours.

« *Durée de la neige.* — Depuis le commencement de novembre jusque vers la fin de février :

« 1° Sur la partie comprise entre l'entrée de la forêt dite Riederwald (au-dessus de Brigue) et le pont du Ganther.

« 2° Entre Iselle et le village du Simplon.

« Sur la fin de mars, elle se retire jusqu'à la galerie de Caploch (sur le versant du Valais), et jusque près de l'ancien hospice (sur le versant de l'Italie).

« Pendant les 10 premiers jours de mai, la chaussée se débarrasse de neige entre le Caploch et l'ancien hospice.

« A partir de ce moment toutes les voitures traversent le Simplon sur roues, et les traineaux (ou glisses) disparaissent totalement.

« *Hauteur de neige* (tombée sans interruption). — Versant du Valais.

« Entre la forêt de Riederwald et le pont du Ganther, la neige atteint une épaisseur de 1 pied (de roi) ($0^{m},33$).

« Entre le pont du Ganther et la galerie de Caploch, elle atteint 2 à 3 pieds d'épaisseur ($0^{m},66$ à 1^{m}).

« Entre le Caploch et le nouvel hospice du Simplon, elle atteint 4 pieds ($1^{m},38$).

« — Versant d'Italie.

« Entre Iselle et le village du Simplon il tombe jusqu'à 1 pied de neige ($0^{m},33$).

« Entre le village du Simplon et l'ancien hospice, il tombe ordinairement de 2 à 3 pieds ($0^{m},66$ à 1^{m}) de neige.

« Entre l'ancien et le nouvel hospice, il tombe 4 pieds ($1^{m},30$) de neige.

« Ces indications donnent des résultats bien supérieurs à ceux que fournissent les observations météorologiques sur la hauteur de neige tombée sans accumulation. Mais cela tient à ce que la hauteur est ici rapportée à la neige tombée sans interruption *pendant plusieurs jours*, tandis que les observations météorologiques sont faites *par jour*.

« *Observations sur les avalanches. Route du Simplon entre les 3e et 5e refuges.* — Ces observations indiquent le jour où les avalanches ont été observées ; le lieu où elles se sont produites ; l'épaisseur de la neige qu'elles ont répandue sur la route ; leur surface en largeur, et les variations que leurs dimensions ont subies.

DATE de l'observation	LOCALITÉ	Epaisseur de la neige sur la route	Larg. de la surf. couverte sur la route par l'avalanche	VARIATIONS
		Mètres	Mètres	
22 décemb. 1859	Platbrunnen	2,55	16,00	Le 2 mars 1860, sa hauteur est de $2^m,70$, et sa largeur de 20^m.
Id.	Strahlgraben	1,10	10,00	A $1^m,40$ de haut. le 2 mars 1860.
28 Id.	Mittenbachgraben	2,00	20,00	A $3^m,40$ et $30^m,00$ le 2 mars 1860.
	Meggeri	2,00	20,00	A $2^m,70$ et $28^m,00$ le 2 mars 1860.
	Shalberg	3,00	16,00	A $6^m,00$ et $58^m,00$ le 2 mars 1860.
1er janv. 1860	Stoukygraben	1,40	7,00	
Id.	Pont de Ganther	1,20	12,00	
Id.	Kounigraben	3,00	34,00	A $3^m,20$ et $43^m,00$ le 2 mars 1860.
2 mars	Wute Kumnée	1,50	8,00	
Id.	Strabloch	1,55	7,00	
28 février	Platbrunnen	2,40	11,00	De toutes les ravines, de petites avalanches ou de petits éboulements de neige de 2^m à $2^m,20$ de hauteur.
2 mars	Murhgraben	2,40		
Id.	Mitten Bach			

« Les points qui sont signalés dans l'hydrographie des avalanches sur la route du Simplon, comme étant ceux où elles se produisent régulièrement, sont :

« Au dévaloir, au fond de la rampe de Gondo.

« — en amont de Gondo, dit Fahrenwasser.

« A Casernette. Cette avalanche suit le couloir en face du petit refuge, placé à l'entrée (amont) de la galerie de Gondo.

« En amont de Casernette, aux deux couloirs ; l'une des avalanches passant par l'un de ces couloirs est nommée l'*avalanche criarde*, à cause du grand bruit qu'elle fait en tombant au troisième dévaloir, en amont de Casernette, soit un peu à l'aval du pont Alto.

« Au pont Alto (premier pont en aval de celui d'Algabi).

« Au revers du glacier des eaux froides.

« A l'ancienne galerie et au dévaloir de la belle cascade de Schalbeth.

« En aval du refuge n° 5.

« En aval de Caploch, dans les deux couloirs en aval.

« Au grand ravin de Ganther.

« Les avalanches dont le glissement est moins fréquent descendent :

« A la galerie d'Algabi ;

« Aux quatre dévaloirs entre le contour d'Algabi et le village du Simplon ;

« Vers Camasca ;

« Vers la pierre milliaire, en aval du refuge n° 7 ;

« En amont de Bérisal ;

« A Krumbach.

« *Observations sur les tourmentes.* — Dans le Simplon, les passages habituels des tourmentes sont :

« Le long du village de Simplon ;

« Aux abords du refuge n° 7 ;

« Aux abords de l'ancien hospice ;

« Id. du nouvel hospice ;

« Id. du passage dit du Glacier des eaux froides ;

« A Schalbeth,

« Aux abords du refuge n° 5 ;

« A Caploch ;

« A Lygen ;

« Au contour de Bérisal.

« L'effet des tourmentes de neige est d'entasser la neige sur certains points et d'encombrer la route en quelques instants. Elles arrêtent quelquefois la circulation et font plus de victimes que les avalanches, parce qu'elles surprennent le voyageur sur la route.

« Les interceptions du passage pendant l'hiver, causées par la neige, les avalanches et les tourmentes au col du Simplon, ont été, de 1845 à 1859, de 107 jours, soit en moyenne de 7 à 8 jours par hiver, ainsi qu'il résulte du relevé suivant des interruptions du passage, pendant 15 années, au col du Simplon.

Relevé des interruptions du passage, pendant quinze années, au col du Simplon.

ANNÉES	MOIS	Jours d'interruption	Nombre de jours de l'interruption par année	ANNÉES	MOIS	Jours d'interruption	Nombre de jours de l'interruption par année
1845	Janvier	10		1852	Février	4	
	Février	4			Décembre	3	7
	Mars	3		1853	Mai		1
	Décembre	3	20	1854	Novembre	5	
1846	Pas d'interruption				Décembre	6	11
1847	Février		4	1855	Janvier	5	
1848	Mars		7		Février	6	11
1849	Janvier	7		1856	Mars	1	
	Mars	3			Avril	3	4
	Avril	4	14	1857	Mars		1
1850	Janvier	2		1858	Mai	2	
	Février	3	5		Décembre	1	3
1851	Février	6		1859	Février	2	
	Mars	3			Mars	1	
	Décembre	3	12		Avril	2	
					Décembre	2	7
Total des jours d'interrup. pendant ces 15 dernières années...							107

§ VII. *Dans quelles limites convient-il d'employer l'adhérence pour gravir des rampes de 50 à 60 m/m dans la traversée des Alpes?*

En général, on admet, dans les locomotives, que l'effort de traction doit être compté égal au sixième du poids sur les roues motrices et accouplées. Cet effort, il est vrai, est inférieur à celui que ces machines peuvent exercer momentanément, mais, généralement, cet effort maximum ne peut pas être maintenu parce que la surface de chauffe est insuffisante.

Donc, avec une surface de chauffe suffisante, on peut sans crainte compter sur un effort de traction égal au sixième du poids porté par les roues motrices et accouplées.

Lorsqu'on passe du niveau à une rampe, la pression sur les rails diminue, et dans ce cas l'adhérence devient une fraction de la composante normale au plan incliné.

Le tableau ci-dessous indique l'inclinaison des rampes, l'effort de traction qu'elles nécessitent et le rapport de cet effort au poids remorqué.

INCLINAISON des RAMPES	EFFORT DE TRACTION correspondant PAR TONNE	L'EFFORT ÉTANT 1 le poids remorqué SERA
Millimètres	Kilogrammes	
5	9,25	108
10	14,25	70
20	24,25	41
30	34,25	29
40	44,25	22,6
50	54,25	18,4
60	64,25	15,6

Ainsi l'effort de traction est, sur rampes de 5 m/m, la 108e partie du poids remorqué; il devient la 15e partie de ce poids sur rampes de 60 m/m.

Mais comme, pour la traversée des Aples, nous avons admis

un effort de traction sur niveau de 8 k., au lieu de 4 k.. 25, l'effort, de traction représentera sur rampes de 50 m/m les 58/1,000, et sur les rampes de 60 m/m les 68/1,000, du poids remorqué. Dans le premier cas, un effort de traction de 1,000 k. remorquera un poids de 18,400 kil.; dans le second, le poids remorqué par 1,000 k. d'effort de traction sera de 15,600 kil.

Donc, pour remorquer un train (machine comprise) de 216 tonnes brutes sur rampe de 60 m/m, il faudra un effort de 13,850 kil.

Mais la machine ne pesant que 62 tonnes ne pourra donner qu'un effort correspondant à son adhérence qui est de 10,333 kil.; il faudra demander les 3,518 kil. restant au premier véhicule, et ce véhicule devra peser 6 × 3,517 = 21,102 kil. Si un véhicule ne suffit pas, on en prendra deux semblables ; il faudra en outre, que les roues de ce véhicule soient entraînées par celles du moteur et leur soient reliées, ou qu'elles reçoivent directement leur mouvement de cylindres à vapeur placés sur le châssis du véhicule; c'est ce dernier mode qui est le plus simple, c'est celui que M. Flachat a adopté.

Le passage dans les courbes de 25 m. de rayon ont conduit M. Flachat à mettre un essieu pour chaque roue, afin de diminuer le frottement de glissement sur les rails, qui se produirait, si les deux roues étaient fixées sur le même essieu.

Mais le point délicat de cette disposition est de savoir si une seule bielle suffira à entraîner les roues accouplées avec les roues motrices ; il n'y a pas lieu de le supposer, d'après ce qui se passe dans les machines du système Arnoux et du système Roy, dans lesquelles une seule bielle n'a pas suffi complétement à l'entraînement des roues accouplées.

Si cet accouplement ne fonctionnait pas, il faudrait en revenir aux deux roues calées sur un même essieu, et subir les frottements de glissement qui en seraient la conséquence.

§ VIII. *Etude du passage des Alpes par le Simplon.*

Parmi les six passages déjà cités, qui traversent la chaîne des grandes Alpes entre la Suisse et l'Italie, le passage du Simplon est celui qui présente les plus grandes facilités d'exécution pour une route ou un chemin de fer à ciel ouvert. Il suffit d'avoir vu la route du Simplon pour se convaincre de l'exactitude de cette importante donnée.

Ce passage présente en outre de nombreux avantages par sa position et par les circonstances politiques nouvelles. Il offre le trajet le plus court entre l'est de la France et Milan, le centre de la Haute-Italie. A ce titre, il a les sympathies des deux pays et peut compter sur leur concours. Il intéresse tout l'ouest de la Suisse et les compagnies importantes des chemins de fer qui le desservent.

Le chemin de fer partant du Simplon et descendant la vallée du Rhône deviendra une véritable tête de ligne, lançant ses rameaux sur la Savoie, sur le Jura, sur l'Alsace, la Suisse et la forêt noire. Déjà ce chemin est en exploitation, de Sion au lac Léman, 52 kilomètres restent à faire entre Sion et Brigg pour aborder le Simplon ; du côté de l'Italie, d'Iselle à Arona sur le lac Majeur, il ne reste à construire que 53 kilomètres dans des conditions faciles d'exécution.

Entre les deux lacs Léman et Majeur, tout le pays parcouru sera peu productif, mais la richesse des points extrêmes mis en rapport assurera à la ligne qui les réunira un trafic rémunérateur. C'est ce qui résulte des développements donnés par M. Flachat.

Dans l'étude détaillée du passage, en partant de Brigg, l'escarpement abrupt du col du côté du Rhône donne immédiatement l'idée de diminuer la hauteur du tracé par un tunnel. Mais le col est très-épais, le versant sud étant beaucoup moins incliné. Ainsi, pour abaisser le sommet de 250 mètres, il faut faire un tunnel de 2,940 mètres de longueur. Un abaissement de 500 mètres exigerait un tunnel de 7,800 mètres.

M. Flachat estime à 2,500 fr. par mètre le coût de ces tunnels; nous croyons ce chiffre loin d'être exagéré. L'un de nous a examiné les terrains avec soin. On rencontrerait, sur une très grande partie, des roches d'une excessive dureté et très-probablement une grande abondance d'eau. — En comparant les dépenses de tracés avec souterrain de 2,940 m. et des tracés à ciel ouvert à 35 m/m de pente, ou à 50 m/m de pente, M. Flachat trouve pour le même espace franchi : dans le premier cas 7,350,000 fr., deuxième cas 1.720,000 fr., troisième cas 1,200,000 fr. En comparant le tunnel de 7,800 mètres, avec le tracé à ciel ouvert à 35 et 50 m/m, il trouve pour un même espace franchi par le tunnel 21,600,000 fr., par le tracé à 35 m/m 6,292,000, et par le tracé à 50 m/m 5,000,000.

Nous croyons un peu faible l'estimation des tracés à ciel ouvert, et nous devons ajouter que le raccourcissement de parcours, obtenu par les tunnels, donnera une économie de voie qui n'est pas mentionnée. Néanmoins l'économie définitive du tracé extérieur à 50 m/m reste énorme, comme argent ; comme durée d'exécution, elle sera plus décisive. Nous ne croyons pas qu'on perce un tunnel de 2,900 mètres dans le col du Simplon, en moins de 6 à 8 ans ; quant à celui de 7,800 mètres, il est difficile de lui assigner une limite de durée d'exécution, sans une étude très-approfondie ; mais il nous paraît très-modeste de ne l'estimer qu'à 12 ou 15 ans. Il faut compter qu'on rencontrera une grande partie de roches très-notablement plus dures que le granit.

Après cette comparaison sommaire des tracés avec et sans tunnels, M. Flachat continue parallèlement l'étude de tracés à ciel ouvert avec pentes de 35 et de 50 m/m. Lorsqu'il arrive au versant sud, dans les gorges étroites et escarpées de Gondo, il démontre l'impossibilité absolue du tracé à 55 m/m, et le rejette d'une manière définitive. Laissons comme lui ce tracé.

Adoptant l'inclinaison de 50 m/m, l'étude de l'avant-projet devient facile à faire et à suivre sur le terrain; il côtoie presque constamment la route actuelle à une faible distance, tantôt plus haut, tantôt plus bas; la description du développement sur le versant nord ne peut se résumer, il faut la lire toute entière; et, en la lisant sur le terrain même, on suit le tracé de l'œil, comme s'il était jalonné. On y acquiert la conviction d'une grande facilité d'exécution, sans qu'il soit nécessaire de recourir à des courbes de moins de 100 mètres de rayon. Les versants des montagnes sur lesquels on s'appuie sont, il est vrai, souvent très-inclinés, mais leurs formes sont grandes et régulières, peu tourmentées dans les détails. Les terrains sont solides. Par une circonstance heureuse, les parties formées de débris, et qui pourraient constituer des cônes d'éboulement, sont composées de terrains quartzeux perméables, et, par conséquent, secs et solides.

Passant au versant sud, le tracé ne présente aucune difficulté jusqu'à Algaby, à 15 kilomètres du col et au delà du village du Simplon. D'Algaby à Gondo, on est enfermé dans une gorge étroite, encaissée dans des escarpements à pic de 400 à 600 mètres de hauteur. Sur 6,000 mètres de parcours la pente moyenne de la route est de 65 m/m par mètre. Cette partie du chemin a préoccupé sérieusement M. Flachat. Après un examen attentif du terrain, nous croyons qu'en profitant de l'élargissement de la vallée en face Gondo on pourra obtenir un tracé en retour, qui permettra de racheter l'excédant de pente. De Gondo à Iselle, la pente de 50 m/m sera, alors, facilement maintenue.

Dans tout le versant sud, nous n'avons pas vu non plus de points qui exigeassent des courbes de moins de 100 mètres de rayon. Nous ajouterons que, sur l'ensemble de tout le passage, on ne voit que le retour à faire à Gondo qui puisse demander des courbes de moins de 200 mètres de rayon, si le chemin est exécuté dans les conditions ordinaires des lignes qui aboutissent au pied de la montagne.

Le tracé sur les deux versants donne

sur le versant nord, longueur		25,085m	hauteur	1,254m,23
d°	sud —	26,580	—	1,546 ,98
	Longueur totale	51,665m	haut. totale	2,801m,23

Après avoir décrit le tracé et le profil en long, M. Flachat entre dans le détail de l'établissement de la plate-forme du chemin. Il prend pour point de départ de son étude les travaux de la route actuelle, dont il donne une description.

La route a été tracée avec une préoccupation constante d'économie; on peut affirmer qu'il était impossible de faire mieux et plus à propos. L'épreuve du temps a justifié la simplicité des travaux. La description de M. Flachat en donne une idée très-nette. Un des caractères saillants de cette construction est l'emploi des murs de soutènement en pierre sèche. Cet emploi doit être regardé comme une grande cause d'économie. Mais nous croyons que, pour un chemin de fer, le mur en pierre sèche en profil de remblai, c'est-à-dire soutenant la voie, ne saurait être admis qu'avec de gros matériaux de premier choix. Le passage de trains de chemin de fer, et surtout de grosses machines de 60 à 70 tonnes, engendre des vibrations qui seraient dangereuses pour les murs en pierre sèche sur le versant des montagnes.

La route a coûté 82,000 fr. par kilomètre, pour toutes dépenses; elle a une largeur moyenne de 8 mètres.

Pour un chemin de fer de 10 mètres de largeur de plate-forme, M. Flachat estime la dépense à 75 fr. par mètre courant, pour terrassements et murs de soutènement. Il suppose un nombre de ponts égal à ceux de la route, qui sont suffisants; il fait 3,500 m. de galeries et abris contre les avalanches, et compte un total de 600 m. de percées souterraines.

Le chemin serait à deux voies avec gare de transbordement à Brigg et à Iselle. Six refuges, avec voie couverte et fermée et maisons, seraient répartis sur la ligne.

Une modification à ce tracé a été proposée par M. Jacquemin, ingénieur suisse, qui a exploré le Simplon au cœur de l'hiver. M. Jacquemin passerait le sommet du col en souterrain sur 2,000^{m} de longueur, il rachèterait une hauteur de 300^{m} sur le versant nord, et de 240^{m} sur le versant sud. Il en résulterait un raccourcissement de 8,500^{m}, et la suppression de la plus grande partie des galeries et abris contre les neiges.

M. Jacquemin estime son tunnel à 1,600 ou 1,800 fr. M. Flachat l'estime à 2,500 fr. par mètre; nous sommes de son avis.

Comparant les dépenses, M. Flachat trouve que le tracé Jacquemin coûtera en plus 2,850,000 fr.; mais il oublie d'en déduire 8,500^{m} de voie à 100 fr. L'augmentation se réduirait donc à 2,000,000 de francs.

Moyennant cette réduction de 850,000 fr. qui nous parait indiscutable, le tracé Jacquemin offrirait un avantage notable quant aux frais d'exploitation annuels.

Mais la vue des roches à percer, et la crainte d'une énorme quantité d'eau dans les travaux nous font redouter, pour le percement du tunnel, une durée d'exécution, susceptible de renverser tout le système économique de l'opération. Si, en effet, le tunnel retarde de 4 à 5 ans l'ouverture du chemin, le préjudice d'un tel retard fera préférer le passage en-dessus.

DEVIS *d'un chemin de fer en rampes et en pentes de 50 m/m, traversant le Simplon entre Brigg et Iselle.*

	Nombres	Prix	Sommes
§ 1. *Formation de la plate-forme de la voie.*			
		Fr.	Fr.
Terrassements, murs de soutènement et de revêtement.................. (mètre courant).	51,665	75	3,874,875
Tablette de crête de la plate-forme. (d°).	51,665	4	206,660
Ponts et aquéducs..............................	27		670,000
Percements ....(mètre courant).	600	800	480,000
Galeries pour abri contre les avalanches.(d°).	3,500	225	787,500
Détournement de la route actuelle en plusieurs points......................................			400,000
Indemnités pour expropriation de terrains, maisons..			500,000
§ 2. *Voie et accessoires.*			6,919,035
Double voie, changements de voie, plaques, télégraphe, alimentation des machines, clôtures... (mètre courant).	51,665	100	5,166,500
§ 3. *Stations, refuges, maisons d'ouvriers et de gardes.*			
Stations de transbordement à Brigg et à Iselle ..	2	250,000	500,000
Refuges, stations intermédiaires.................	8	60,000	480,000
Maisons d'ouvriers, de gardes....................	40	5,000	200,000
§ 4. *Matériel roulant.*			1,180,000
Ce matériel est calculé d'après une circulation journalière de 10 trains : les machines parcourant 15,000 kilom. par an, et les véhicules 12,000 kilomètres.			
Machines 12,500 kil. effort de traction...........	15	110,000	1,650,000
Véhicules, voitures et wagons....................	120	20,000	2,400,000
Machines à charrues pour enlever la neige.......	8	90,000	720,000
			4,770,000

Résumé

§ 1.	*Formation de la plate-forme*	6,919,035 fr.
§ 2.	*Voie et accessoires*	5,166,500
§ 3.	*Stations, refuges, maisons de garde*	1,180,000
§ 4.	*Matériel roulant*	4,770,000
	Fr.	18,035,535
	Intérêts des fonds pendant l'exécution, frais d'administration, etc., 11 0/0	1,964,465
	Total	20,000,000

§ IX. *Quelles sont les relations actuelles du commerce entre l'Italie et les contrées dont les chemins de fer aboutissent au pied des Alpes?*

Les statistiques publiées par l'administration des Douanes françaises ne séparent pas la voie de terre et la voie maritime; on n'en peut tirer que des indications sur l'importance du trafic en quantité et valeur, et sur la nature des articles.

La Suisse publie un tableau d'importation, d'exportation et de transit, relevé dans ses bureaux de douanes frontières; et la poste, qui fait le service des messageries, donne le parcours des voyageurs et leur produit. Tout ce qui circule en dehors des voitures de la poste échappe au contrôle, et quant aux marchandises, la douane suisse met beaucoup de ménagement dans son service.

Quel que soit, cependant, le déficit de la statistique, il est clair que les transports à travers les Alpes ont aujourd'hui peu d'importance.

Voici, d'après l'administration des postes, le mouvement des voyageurs qui ont circulé en 1859 sur les quatre passages.

PASSAGES	DISTANCES	VOYAGEURS	PRODUITS	NOMBRE de voyageurs par KILOMÈTRE	PRODUITS par KILOMÈTRE
	Mètres	Nombres	Francs		Francs
Splugen	91,200	8,952	91,500	98	1,000
Bernardin	92,400	9,099	58,250	97	630
Saint-Gothard	186,000	26,149	274,305	141	1,372
Simplon	216,000	32,772	166,867	151	770
Totaux et moyenne	585,600	76,972	590,931	131	1,000

Ce tableau ne comprend pas les voyageurs à pied, à cheval ou en voiture particulière. Le nombre de ceux-ci dût-il doubler, cela ne donnerait qu'un faible produit pour quatre chemins.

L'administration des douanes suisses donne le mouvement des bestiaux et marchandises par les bureaux des cantons frontières.

OBJETS		UNITÉS	CANTONS DE		
			ST GALL et GRISONS	TESSIN	VALAIS et GENÈVE
Animaux	Importation	Têtes	26,552	4,942	76,564
	Exportation		14,367	19,594	8,436
	Transit		41,568	12,873	7,384
Objets taxés par collier					
Pierres, bois, tuiles, briques, ardoises, écorces, fourrages, chaux, houille, charbon de bois, fruits, volailles, poissons	Importation	Tonnes	28,905	2,927	75,240
	Exportation		2,035	6,434	4,222
Marchandises taxées par quintal de 50 kil.	Importation		52,728	23,525	36,362
	Exportation		6,332	5,174	4,676
Produits du sol du pays de Gex	Importation		«	«	26,356
Mouvement	des bestiaux	Têtes	82,527	37,409	92,384
	des marchandises	Tonnes	90,000	38,060	146,856

Ce tableau peut servir de renseignement utile pour le mouvement sur les passages du Simplon et du Lukmanier, cantons des Grisons et de Saint-Gall, et du Saint-Gothard, canton du Tessin.

Mais les produits de Genève et du Valais se répartissant sans désignation entre le Simplon et la frontière de Genève, on n'en peut pas conclure ce qui appartient au Simplon. Le commerce de Genève avec la Savoie absorbe, à lui seul, la plus grande partie du mouvement qui reste, quand on a déduit déjà la part du pays de Gex.

Ces renseignements sont donc insuffisants pour donner même un aperçu du trafic probable du Simplon. C'est beaucoup plus dans l'étude du commerce général, que l'on trouvera la future raison d'être de ce trafic.

Aujourd'hui encore, malgré les routes des passages, le prix des transports est tel, que les marchandises de grande valeur peuvent seules le payer. La voie de mer, beaucoup plus économique, apporte toutes les marchandises lourdes à l'Italie.

Ainsi, en 1858, l'importation de la houille anglaise a été de 208,429 tonnes dans les ports du littoral italien, dont 127,958 à Gênes. L'importation française a été nulle; nous avons vu que, par le chemin de fer du Simplon, Saint-Etienne et Blanzy pourraient concourir avec l'Angleterre sur le marché de Milan.

La statistique des douanes françaises démontre aussi ce fait d'un transit considérable de marchandises de grande valeur par les Alpes et la Suisse. La soie et les tissus divers entrent pour 200 millions en valeur et pour 10,000 tonnes en poids. Les marchandises de prix prennent la voie de terre, malgré l'élévation de frais de transport.

Les chemins de fer, en se rapprochant chaque jour des Alpes, apportent déjà de grandes modifications dans le trafic. Le chemin de fer de Coire a doublé en 1858 le mouvement du passage du Bernardin.

Les informations locales portent le mouvement annuel actuel de voyageurs à :

30 à 36,000 au Saint-Gothard ;

25,000 au Simplon ;

10 à 11,000 au Splugen ;

9 à 10,000 au Bernardin.

Le passage des marchandises au Saint-Gothard et au Simplon ne dépasse pas 18 à 20,000 tonnes.

Cependant, comme il faut, pour calculer les frais d'exploitation, admettre pour le chemin de fer un trafic probable, M. Flachat s'arrête sur un chiffre de circulation qui peut être discuté, mais qui, certainement, n'a rien d'exagéré; il espère un mouvement annuel de 75,000 voyageurs et de 128,000 tonnes de marchandises. Les lignes suisses, et notamment la ligne de Saint-Maurice à Brigg, profiteraient de ce mouvement qui augmenterait leur produit net de 1,455,000 francs.

§ X. — *Dépenses d'exploitation d'un chemin de fer traversant les Alpes.*

Tarif et trafic nécessaires pour couvrir les frais d'exploitation et l'intérêt du capital. — Les données sont, pour le passage du Simplon entre Brigg et Iselle : trajet 52,000 mètres; coût d'établissement 20 millions de francs; inclinaison du chemin 50 m/m ; transbordement de voyageurs et de marchandises; vitesse des trains, 16 kilomètres à l'heure; 4 trains réguliers par jour dans chaque sens, et 1 train facultatif dans une seule direction. Circulation annuelle 171,000 kilomètres.

Les dépenses d'exploitation se classeront : en intérêt du capital, traction, mouvement, entretien et surveillance, administration.

1° Intérêt du capital, à 6 p. 0/0; il sera de 1,200,000 fr., soit 7 fr. par kilomètre parcouru et 23,077 par kilomètre de longueur de chemin.

2° Traction. M. Flachat l'estime comme suit, par kilom. parcouru :

	fr.
Personnel.	0,55
Combustible.	1,46
Huile, suif, eau.	0,10
Entretien du matériel roulant.	1,05
Frais accessoires	0,50
Total.	3,26

Par année 557,500 fr.; par kilomètre de chemin 10,720 fr.

3° Mouvement. Les dépenses ordinairement comprises sous ce titre sont estimées à 1 fr. 20 par kilomètre parcouru, soit 3,865 fr. par kilomètre de voie. Par an . . . . 201,000 fr.

4° Entretien et surveillance de la voie.

Entretien de la voie et des refuges 3,500 fr. par kilomètre, soit pour 52 kilomètres.	182,000 fr.
Surveillance à 1,000 fr.	52,000
Enlèvement des neiges.	90,000
Ensemble pour toute la ligne et par an.	324,000 fr.

Soit 1 fr. 90 par kilomètre parcouru et 6,230 par kilomètre de voie.

5° Administration. Ces frais sont estimés à 100,000 fr. par an, soit 0,49 par kilomètre parcouru et 1,925 fr. par kilomètre de voie.

Résumant, on a, par kilomètre parcouru :	fr.
Intérêt du capital.	7, »
Dépenses de traction.	3,26
Dépenses du mouvement.	1,20
Entretien de la voie et surveillance.	1,90
Administration et imprévu.	0,59
Total.	13,95

La dépense annuelle sera par kilomètre de voie et pour la ligne entière par année :

Traction et entretien du matériel.	10,720 fr.	557,500 fr.
Mouvement.	3,865	201,000
Entretien et surveillance de la voie.	6,250	324,000
Administration.	1,923	100,000
Ensemble	22,758	1,182,500
Ajoutant l'intérêt du capital. . .	23,077	1,200,500
On aura un total de. . . .	45,815	2,383,000

à couvrir par les produits du trafic.

Quels devraient être les tarifs? Il paraît évident d'abord qu'ils doivent être proportionnels aux dépenses. D'après ce qui précède, la dépense d'un train sera de 6 fr. 95 par kil. parcouru. Sur les chemins de fer français la moyenne de cette dépense est de 2 fr. 38. Les rapports, entre les tarifs des voyageurs et marchandises et les dépenses, seraient donc par kilomètre parcouru :

	DÉPENSES		TARIFS MOYENS		
Lignes françaises,	2 fr. 38 —	Voyageurs,	0 fr. 072	March.	0,082
Passage du Simplon,	6 95 —		0 21	—	0,24

Un mouvement de 75,000 voyageurs et de 128,000 tonnes traversant le Simplon, payant ce tarif, couvrira les dépenses et l'intérêt du capital.

Aujourd'hui le transport des marchandises coûte de 0 fr. 51 à 0 fr. 72 par tonne et par kilomètre. Le trafic qui vient d'être indiqué suppose aux trains un poids moyen de 169 tonnes au lieu de 216 tonnes qui pourraient être remorquées par la machine étudiée.

§ XI. *Description du matériel roulant*

Nous donnerons un court extrait de ce chapitre.

Machine locomotive. — Cette machine se compose du générateur et de son tender, qui sont portés par deux trucks à six roues couplées.

Générateur. — La boite à feu comprend le foyer et la cham-

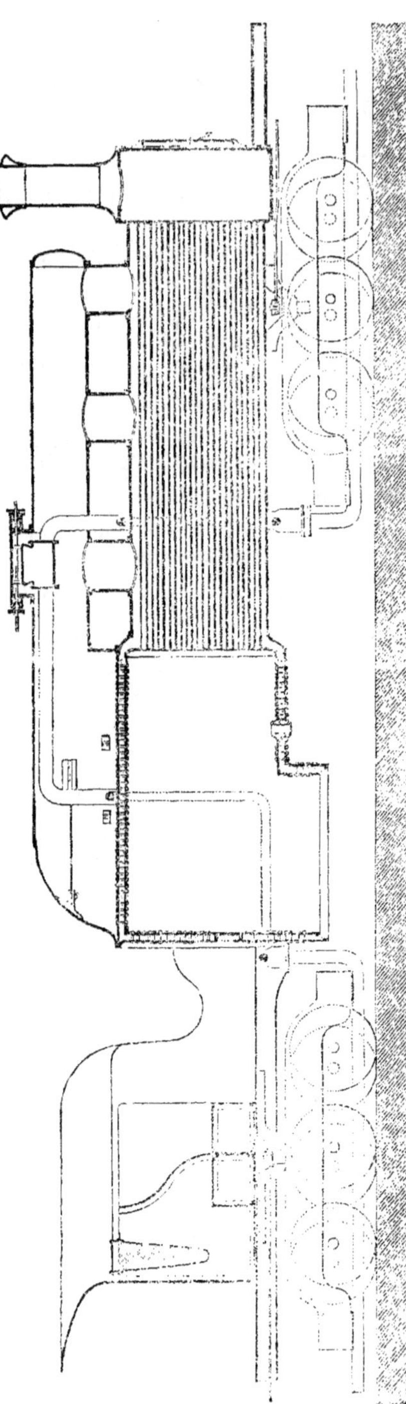

bre de combustion qui pénètre dans la partie cylindrique de la chaudière. Dans les générateurs ordinaires des locomotives, cette annexe à la boîte à feu n'est obtenue qu'aux dépens de la partie tubulaire ou du foyer ; ici elle peut être adoptée, si ses avantages sont reconnus, sans nuire aux autres parties de l'appareil, parce que la distance des supports laisse le choix des dispositions de la chaudière. L'expérience prononcera sur le mérite de cette disposition qui a été fort recherchée.

Le corps cylindrique est complétement rempli de tubes. Cette disposition nuit, sans doute, à la facile émission de la vapeur, mais cet inconvénient, corrigé, d'ailleurs, par de larges tubulures, est racheté par un avantage important : la longueur du générateur étant de 8 mètres, sa marche, sur une rampe de 50 m/m donnerait lieu à une dénivellation d'eau de $0^m,40$ entre les deux extrémités. Si cette dénivellation devait s'opérer dans le corps cylindrique ou dans la partie supérieure du foyer, la quantité d'eau supplémentaire qu'elle exigerait serait très-considérable, et les dimensions de la partie cylindrique et du dessus du foyer dépasseraient toute proportion.

En donnant aux tubulures une hauteur de $0^m,40$, la dénivellation s'opère exclusivement dans le faible volume d'eau qu'elles contiennent.

Le réservoir de vapeur prend, au-dessus de la boîte à feu, la forme de la tubulure ayant toute la longueur de cette boîte. La partie demi-cylindrique de la boîte à feu se continue, sous cette tubulure, en double enveloppe comme les parois ; mais, entre chaque intervalle des entretoises, une ouverture de 6 à 8 centimètres de diamètre laisse plein passage à la vapeur. Le résultat de ces dispositions est de donner une grande légèreté relative au générateur proportionnellement à sa puissance. Elles permettent aussi de donner au réservoir de vapeur telles dimensions que l'expérience indiquera.

La prise de vapeur distribue celle-ci en avant et en arrière, à chacun des deux trucks. Les conduits descendent de chaque côté de la machine et se réunissent par paire, l'une sous le corps cylindrique, l'autre sous la plate-forme du mécanicien. Après la bifurcation, le conduit de vapeur se dirige vers le centre du truck. Plus loin, sont décrites les autres parties de la conduite de vapeur.

L'introduction du foyer dans la chaudière se fera par la face d'avant, au moyen du prolongement des parois latérales pour former le joint avec la plaque de devant qui sera emboutie ou bordée d'un fer d'angle.

C'est à la partie prolongée des parois latérales de la boîte à feu que sera attaché le tender. La rivure devra offrir une grande solidité en ce point, mais l'espace est disponible et aucune difficulté ne se présente.

L'alimentation aura lieu par les appareils connus. (Petit cheval et appareil Giffard.)

La plate-forme du mécanicien sera disposée pour qu'il soit complétement à l'abri pendant l'hiver.

Les supports à pivot, placés sous le générateur et le tender, sont un des points délicats du système de construction. Ils devront résister à un poids de 18 à 20 tonnes, mais là n'est pas la difficulté. Ce qui est nouveau, c'est d'obtenir, sur ce point, un pivotement facile, c'est-à-dire un frottement sans altération possible, sans grippement des surfaces en contact. Il faut aussi que la base qui assure la stabilité soit aussi grande que le permet la dimension transversale des trucks.

Les moyens consisteront à employer l'acier pour les colliers du pivot, pour les galets, pour leur essieu, et pour leur table de roulement; à disposer les surfaces en contact de façon que la pression qu'elles auront à supporter soit inférieure, par centimètre carré, à celle que supportent les fusées des essieux ; enfin, à donner aux ressorts des trucks une flexibilité propre à atténuer les chocs résultant de l'état de la voie.

Trucks. Les trucks des machines seront à six roues couplées et fixes sur les essieux, comme dans le matériel ordinaire, lorsque, comme sur le Simplon, le rayon des courbes ne descendra pas au-dessous de 100 mètres. Quatre roues seulement seront fixes sur les essieux et couplées, sur les tracés où le rayon des courbes descendra jusqu'à 25 mètres.

La charpente métallique de ces trucks est disposée de façon à contenir, dans le châssis, tous les appareils mécaniques comme dans une boîte fermée. Le mécanisme serait celui d'une locomotive très-légère sans tuyauterie ni pompe, en un mot, sans aucun des accessoires dépendant du générateur.

Le frein sera celui qui sert aux puissants appareils employés, sur les ports, au chargement des navires, pour modérer la descente des fardeaux les plus lourds suspendus aux chaînes des grues. Un demi-cercle en fer s'appuie sur la demi-circonférence de la roue, et y exerce une pression qui permet de suspendre instantanément le mouvement rotatif; mais la très-grande puissance d'arrêt de ce frein n'ôte rien à sa sensibilité, et il permet de ralentir aussi bien que de suspendre le mouvement. Il peut être manœuvré à la main par l'appareil à vis ordinaire, et par la vapeur au moyen d'un cylindre.

Comme un truck contient deux mécanismes de machine, les deux conduites d'admission et d'échappement de vapeur se dirigent sur chacun des trucks vers les cylindres à vapeur. Elles n'ont qu'une partie mobile, celle qui s'attache, d'un côté, à la conduite principale et, de l'autre, à la tubulure sortant du châssis intérieur du truck. Cette partie mobile est construite en caoutchouc vulcanisé et enveloppée d'un tissu métallique. Les mouvements en sont faibles, et les conditions de construction faciles.

La conduite principale, destinée à porter la vapeur aux cylindres des trucks de la machine et au besoin à des voitures du train, sera rigide sous les véhicules, et flexible seulement en ses points d'attache.

M. Flachat a trouvé de sérieuses difficultés dans les moyens de transmettre le mouvement de manœuvre de l'introduction de vapeur, de la détente et du frein, à chacun des trucks.

Les différences qui se produisent dans les courbes, entre la position des axes des véhicules et ceux des trucks, imposent des complications réelles à la transmission des manœuvres opérées par les mécaniciens placés sur les plates-formes extrêmes de la machine et des véhicules.

Dans les courbes de 100 mètres de rayon, la différence de position des axes étant très-peu sensible, la difficulté disparaît; mais, pour des rayons de 25 mètres, elle existe.

Entre bien des solutions, M. Flachat a décrit celle qui lui a para la plus simple et la plus rapide pour les manœuvres de vapeur et du frein ; nous renvoyons pour ces détails à sa publication.

Véhicule. — Le *véhicule* serait celui dont il est fait exclusivement usage en Amérique, et que le Central-Suisse a adopté. Il en différera, pour les véhicules moteurs, par la construction des trucks et par la conduite de vapeur qui sera suspendue aux boulons des supports, et passera sous les essieux.

La barre de traction sera rigide, en ce sens qu'elle ne se prêtera qu'aux articulations nécessaires aux déviations horizontales des axes des véhicules, et aux mouvements verticaux résultant de l'inclinaison et de l'état de la voie. Elle sera attachée au boulon du pivot (cheville ouvrière) des trucks, par une fourche, comme le sont les bielles des cylindres.

La conduite du train appartiendra au mécanicien placé en tête, sur la machine. Ce mécanicien mettra la vapeur dans la conduite principale, soit pour la marche, soit pour le ralentissement ou l'arrêt du train. Les autres mécaniciens, placés en tête de chaque véhicule moteur, introduiront la vapeur dans les cylindres moteurs et dans les cylindres des freins par les deux appareils à manœuvrer dont ils disposeront dans ce but. Le personnel ainsi attaché au service de la traction sera de trois hommes pour le générateur, et de deux hommes pour chaque véhicule.

Le service spécial du mouvement, en ce qui concerne les soins relatifs aux voyageurs et aux marchandises, sera fait par d'autres agents.

§ XII. *Résumé.*

Ce chapitre ne peut être que transcrit, il résume les conclusions de M. Flachat sur tous les points traités dans son mémoire.

« 1. A partir des points où le thalweg des vallées d'accès aux cols de passages des Alpes suisses, dépasse l'inclinaison de 35 m/m, qui est la limite extrême à laquelle les chemins de fer peuvent être exploités dans des conditions suffisantes de régularité et d'économie avec les machines locomotives les plus puissantes que l'on construise aujourd'hui, l'établissement des chemins de fer ne peut être continué, sans excéder cette inclinaison, qu'au moyen de dépenses considérables et de percements souterrains.

« 2. La durée de ces travaux reporterait l'exploitation des lignes à un grand nombre d'années.

« 3. La dépense d'établissement, comparée à celle que coûterait l'emploi d'inclinaisons de 50 m/m, les grèverait en excédant l'intérêt du capital, d'une annuité de 27,000 fr. par kilom. de voie.

« 4. La dépense d'exploitation, en supposant une circulation sur les passages des Alpes de 9 trains par jour, serait grevée d'un excédant de dépense de 7 fr. par train et par kilomètre ; soit de 350 fr. par train faisant le trajet entier du passage.

« 5. La traversée des Alpes par un chemin de fer ne doit pas être établie dans des conditions qui imposent le fractionnement des trains amenés du nord ou du midi par les lignes aboutissant aux pieds des cols.

« 6. Ce n'est pas à de faibles inclinaisons et à des percements souterrains de grande longueur qu'il faut recourir pour obtenir ce résultat, c'est aux forces mécaniques nécessaires pour franchir de fortes inclinaisons.

« 7. La machine locomotive peut franchir des rampes de 50 m/m à des conditions de régularité et de rémunération suffisantes pour rendre profitable aux capitaux engagés l'exploitation des passages des Alpes, moyennant un trafic annuel de 75,000 voyageurs et de 128,000 tonnes de marchandises.

« 8. La machine locomotive peut pourvoir, sur des rampes de 50 m/m., à des éventualités d'accroissement de trafic très-considérables, tout en se prêtant à la solution la plus économique et la plus immédiate, pour un trafic restreint.

« 9. L'impuissance des machines locomotives actuelles à desservir des rampes de 50 m/m dérive de l'insuffisance de la production de vapeur et de leur adhérence.

« 10. L'effort de traction, développé par les machines les plus puissantes, n'atteint pas aujourd'hui, d'une manière permanente, 6,000 kilog.

« 11. L'adhérence employée au sixième du poids moteur ne dépasse pas 6,700 kilog.

« C'est, dans les deux cas, la moitié de la puissance nécessaire pour exploiter utilement les passages des Alpes sur des inclinaisons de 50 m/m.

« 12. Il est facile, en appliquant à la construction des machines les dispositions des supports sur la voie du matériel américain, d'obtenir une production de vapeur correspondante à un effort de 12,500 kil.

« 13. Il est possible d'employer cet effort de traction en utilisant, pour l'adhérence, les roues des véhicules des trains.

« 14. Les dispositions des supports du matériel américain, appliquées à la construction des machines locomotives, permettront de mieux proportionner les différentes parties du générateur et de produire la vapeur avec plus d'économie.

« 15. L'adhérence au sixième peut être, dans la montagne, une condition de retard ou d'impuissance; mais, en employant les dispositions du matériel américain, et en transmettant à toutes les roues des véhicules la puissance motrice, l'adhérence peut être employée aux 58/1000e, soit au 17e du poids moteur, sur les rampes de 50 m/m.; et sur les rampes de 60 m/m aux 68/1000e, soit à peu près au 15e du poids du train.

« Du sixième au dix-septième, il y a toute garantie d'une adhérence suffisante et, en conséquence, tout se résume dans la construction du générateur, et dans les moyens d'en transmettre la vapeur aux véhicules du train.

« 16. De tous les systèmes, celui qui, théoriquement, présente les plus complètes garanties de puissance et de régularité, soit pour l'ascension, soit pour la descente des rampes, est celui qui donne, à chaque véhicule, des moyens d'action qui lui sont propres, soit pour activer, soit pour ralentir la marche.

« 17. Si, dans la pratique, cela s'écarte de ce qui est reçu et semble amener des complications, l'objection se borne à une simple difficulté d'agencement que l'art résoudra, sans aucun doute, avec simplicité, tant les lois théoriques s'imposent avec rigueur et continuité dans la marche du progrès.

« 18. En ce qui concerne les machines, le problème, réduit à la simple augmentation de la surface de chauffe pour proportionner la puissance à la résistance, est si près d'une solution qu'on ne peut que s'attendre à voir surgir un grand nombre de dispositions par lesquelles ce résultat sera atteint.

« Quant à la distribution de la puissance mécanique aux véhicules, la diversité des moyens, la merveilleuse facilité de l'esprit à simplifier les procédés de transmission de force, en assurent également le succès.

« 19. Au point de vue du trafic, la convenance ou plutôt la nécessité de proportionner la puissance mécanique de traction aux besoins des transports sera un stimulant suffisant pour amener l'emploi de générateurs susceptibles de desservir des trains assez pesants, pour qu'en aucun cas les voyageurs n'aient à attendre, au pied des Alpes, parce que le train de la traversée du col ne pourrait prendre tous ceux qu'aurait amenés le train de la plaine.

« 20. Le climat des Alpes n'oppose pas, par le froid, des obstacles plus sérieux que le climat de la Russie, où le froid n'a jamais compromis la régularité de l'exploitation des chemins de fer.

« 21. La neige tombant régulièrement n'offrira pas plus d'inconvénients que dans les chemins exploités dans des contrées où elle couvre la terre pendant sept mois.

« 22. La neige entassée par les tourmentes nécessitera une organisation spéciale d'ouvriers pour l'enlever immédiatement. Les quantités ainsi entassées seront toujours insignifiantes, relativement à la puissance des moyens de les faire disparaître avec la promptitude nécessaire pour que le service ne soit pas entravé.

« 23. Les avalanches doivent toutes être détournées de la voie. Cela est facile, parce que leur situation et leur régime sont aussi connus dans la montagne que le sont les lits et le régime des sources et des torrents.

« 24. Les tourmentes sont plus fréquentes, mais leur violence n'est pas plus grande dans la montagne que dans la plaine. Elles ne feront pas courir aux trains des risques plus grands, et la pesanteur spécifique du matériel accroîtra les garanties à cet égard.

« 25. Les passages suisses puisent dans la neutralité politique de ce pays un mérite spécial : celui d'établir, au point de vue pacifique, des liens commerciaux complétement à l'abri de toute commotion entre les Etats qui touchent à ses frontières.

« 26. Une conflagration générale du centre et du midi de l'Europe n'empêcherait pas la continuation des échanges entre les nations hostiles entre elles, à travers la Suisse.

« 27. Entre ces passages, ceux du Simplon et du Saint-Gothard sont les plus utiles aux relations entre la France et l'Italie.

« 28. A ce titre ils devraient, plus que les autres, améliorer les lignes suisses par le trafic qu'ils leur apporteraient.

« 29. Le Simplon est, de tous les passages, celui qui se présente le plus favorablement dans le système des percements souterrains.

« 30. C'est aussi ce passage dont les accès, par voie ferrée, sont, du côté nord, les plus avancés.

« 31. L'annexion de la Savoie à la France assure au passage du Simplon les sympathies de ce pays : mais il n'y a pas lieu de supposer que la France se décide à concourir, pour ce passage, à une solution du genre de celle qui est appliquée au Mont-Cenis.

« 32. Les dispositions du col du Simplon sont également favorables pour un tracé à ciel ouvert d'un chemin de fer à fortes inclinaisons.

« 33. C'est à Brigg, du côté nord, et à Iselle, du côté du midi, que l'inclinaison du thalweg des vallées d'accès dépasse 35 m/m et qu'il y a lieu d'adopter les inclinaisons de 50 m/m, pour le profil du chemin de fer. La configuration des versants permet d'adopter un rayon minimum de 100 mètres pour les courbes.

« 34. La distance entre Brigg et Iselle est de 52 kilomètres ; la dépense d'établissement du chemin de fer, de 20 millions.

« 35. Un profil de 35 m/m, avec souterrain de 7,800 mètres, coûterait 49 millions.

« 36. Considéré comme opération financière, le passage des Alpes à ciel ouvert, par un chemin de fer, se justifie par l'importance des relations commerciales qu'il fera naître, mais il ne trouve dans le courant actuel de la circulation que des produits insuffisants, à cause de l'élévation du prix des transports.

« 37. Ces relations commerciales s'élèvent aujourd'hui à plusieurs centaines de millions en valeur, mais le tonnage est faible, les articles d'échange étant d'un très-haut prix.

« 38. Les données statistiques ne peuvent donner que des impressions ; les chiffres directs et précis manquent.

« 39. L'impression qui résulte de la connaissance du trafic entre la France et l'Italie, quelque incomplets que soient les documents, est que le parcours annuel de 75,000 voyageurs, nécessaire pour couvrir l'intérêt du capital et la dépense d'exploitation, serait assuré, ainsi que celui de 128,000 tonnes de marchandises, au premier chemin ouvert dans cette direction ; et que le produit net, qui en résulterait, en outre, annuellement, pour les lignes suisses, pourrait approcher de 1,500,000 francs.

« 40. Les frais d'exploitation d'un chemin de fer traversant les

Alpes, ayant quatre trains et demi par jour dans chaque direction, s'élèveraient à. . . . . 1,182,500 fr.
L'intérêt du capital de 20 millions coûterait. . 1,200,000
La dépense totale serait de. . . . . 2,382,500 fr.

« 41. Considérée par train et par kilomètre, cette dépense reviendrait;

En frais d'exploitation, à. . . .	6 fr. 95
En intérêts du capital, à. . . .	7 »
Ensemble.	13 fr. 95

« 42. Le tarif établi d'après la comparaison des frais d'exploitation avec les lignes françaises serait de 21 centimes pour les voyageurs, et de 24 centimes pour les marchandises.

« Des trains portant, en moyenne, 43 voyageurs et 39 tonnes de marchandises traversant le col couvriraient la dépense d'exploitation et l'intérêt du capital.

« 43. Le poids *utile* ainsi transporté serait inférieur de plus de moitié à celui que pourrait remorquer l'effort de traction que la machine serait susceptible de maintenir.

« 44. Des inclinaisons de 35 m/m, des courbes de 250 à 300 mètres, avec souterrain, ajouteraient à cette dépense 1,380,000 fr. par an, en intérêts du capital d'établissement. »

Depuis la publication de l'étude de M. Flachat, le Gouvernement italien a posé, pour la traversée des Alpes par les chemins de fer, le programme technique suivant :

« Les systèmes de construction et d'exploitation que l'on choisira parmi ceux qui ont été proposés se réduisent à trois, savoir :

« 1° Limiter, jusqu'à une certaine hauteur, l'étendue des deux tronçons de chemin de fer sur les deux versants de la montagne, et les relier par un tronçon de route ordinaire, en attendant que l'on éclaircisse la question de savoir s'il convient de les réunir par un tunnel d'une longueur exceptionnelle;

« 2° Prolonger les deux tronçons de chemin de fer, et atteindre une hauteur qui permette de les relier par un tunnel de moindre longueur ne dépassant pas celle des tunnels ordinaires, et de construire ce tunnel par les moyens connus et des puits;

« 3° Prolonger les deux tronçons en question jusqu'au sommet de la montagne, de manière que, pour traverser cette dernière, on n'ait plus à construire qu'un tunnel très-court, d'une exécution prompte, facile et sûre, lors même qu'on ne pourrait y faire de puits. »

Sur ce programme, de nouveaux projets ont surgi : ils suivent les pentes des vallées d'accès aux cols en se développant en lacets ou en cercles, quand l'inclinaison de ces vallées est plus forte que celle adoptée pour le profil.

L'exploitation à ciel ouvert du chemin de fer du Jura industriel, pendant deux hivers rigoureux, et dans une contrée située à 1,230 mètres au-dessus du niveau de la mer, où pendant la majeure partie de l'année la neige s'accumule jusqu'à trois mètres d'épaisseur autour du chemin de fer, a montré qu'il n'y a pas à s'effrayer des influences atmosphériques jusqu'ici considérées comme l'obstacle le plus sérieux au passage des Alpes par un chemin de fer.

On distingue donc aujourd'hui deux espèces de projets : les uns, les plus anciens, évitent autant que possible, au moyen de souterrains de grande longueur, les influences atmosphériques en tenant le tracé dans les basses régions de la montagne : ce sont les projets indiqués dans le programme du Gouvernement, n°s 1 et 2. Les autres, les plus nouveaux, gravissent les rampes des cols, et se bornent à des tunnels de faible longueur sous les faîtes; ce sont ceux dont le programme du Gouvernement recommande l'étude sous le n° 3.

Or les accès des cols offrent des conditions tellement identiques, qu'il n'y a pas lieu de tenir compte de leur hauteur, dès qu'il s'agit de les franchir par de longs souterrains.

Une très-belle étude exécutée entre Coire et Locarno, par M. Michel, ingénieur en chef des Ponts-et-Chaussées, et par MM. Pestalorzy et Wetly, ingénieurs en chef, a été présentée au Gouvernement italien par M. Paulin Talabot, au nom de la Compagnie de l'Union des chemins de fer suisses. Le profil gravit la passe Sainte-Marie (Luckmanier) par des inclinaisons de 25 m/m par mètre, au moyen de sept lacets sur le versant du nord et de neuf lacets sur le versant du midi. Le faîte, situé à 1,917 mètres au-dessus du niveau de la mer, est franchi à 1,870 mètres par deux courts souterrains, d'une longueur totale de 2,008 mètres. Ce projet avait reçu la sanction du Gouvernement italien, il a été ajourné par l'opposition d'un canton suisse, mais il suffit à démontrer que les obstacles qu'on semblait prévoir pour la traversée des Alpes par un chemin de fer à ciel ouvert se sont évanouis devant l'étude approfondie d'ingénieurs expérimentés.

2641. — Typ. de GUIRAUDET, imprimeur de la Société des Ingénieurs civils, 2, place de la Mairie, à Neuilly.

www.ingramcontent.com/pod-product-compliance
Lightning Source LLC
LaVergne TN
LVHW012114170826
845678LV00001BA/386

* 9 7 8 2 3 2 9 6 9 3 4 4 6 *